U0942097

做一个“内核”稳定的成年人

风墟——著

中国妇女出版社

图书在版编目（CIP）数据

做一个“内核”稳定的成年人 / 风墟著. -- 北京：中国妇女出版社，2023.5（2024.6重印）
ISBN 978-7-5127-2243-9

Ⅰ.①做… Ⅱ.①风… Ⅲ.①情绪－自我控制－通俗读物 Ⅳ.①B842.6-49

中国国家版本馆CIP数据核字（2023）第000937号

选题策划：紫帆 · 白进荣
责任编辑：陈经慧
封面设计：仙境设计
责任印制：李志国

出版发行：中国妇女出版社
地　　址：北京市东城区史家胡同甲24号　　邮政编码：100010
电　　话：（010）65133160（发行部）　　65133161（邮购）
网　　址：www.womenbooks.cn
邮　　箱：zgfncbs@womenbooks.cn
法律顾问：北京市道可特律师事务所
经　　销：各地新华书店
印　　刷：天津光之彩印刷有限公司

开　　本：145mm × 210mm　1/32
印　　张：6.5
字　　数：100千字
版　　次：2023年5月第1版　　2024年6月第5次印刷
定　　价：49.00元

如有印装错误，请与发行部联系

自序

Preface

在过去的一年里，我收获的一个最大的体悟，就是人对自身情绪和心理状态的调整，实际上是一个精细的“技术活儿”。

这个体悟源自我过去看到的一个小故事：

有一位琴师询问悉达多如何修心，悉达多反问他：“你要如何操控你的琴，才能弹奏出美妙的音乐？”

琴师回答：“我要让我的琴弦既不紧张，也不松弛，当它松紧适度时，我才能弹出妙音。”

悉达多道：“你也该如此修炼你的内心。”

以往看到这个故事时，我产生的只是一种知识层面的理解——我只是知道了这样一个道理。

然而，当我在试着将这种知识应用于我的生活和工作中时，我才发现要点不在于明白道理，而在于如何实践——知识性的理解是非常简单的：紧张时要放松，过于松弛时要紧一紧，这样的道理每个人都懂。

可问题在于，大多数道理在真正实践时会显得无从下手：你如何发现自己是紧张还是松弛的？当你过于紧张时，有哪些有效的方法可以令你放松下来？

很多具体的问题堆积在一起，就会显得非常复杂和无序。一想到有这么多问题要处理，我们的内心马上便会充满巨大的压力，我们的思维处理能力也随之下降，开始幻想有什么神奇的方法能够一瞬间将所有问题全部清除，而完全丧失了“解决问题”的意识。

这种期待“用一种方法解决所有问题”的幻想，正是我们很多人面对自身心理困境时的态度。

人的心理有其自身的运作规律，我们无法凭自己的意念随意操控自己的心理。我们需要做的是，细致而有耐心地去熟悉自己的心理世界。这是解决一切心理困境的前提。

当你痛苦时，不要仅仅想到“和朋友一起喝酒可以消愁”，就立刻去约朋友买醉，而是真正地去理解你自己，接受自己真实的状态，并在此基础上，以一种耐心、务实、持续关注的态度来面对自己的问题。也许你会意识到，你在独处的时候可能会更舒服一些，所以对你来说，消除痛苦更好的选择，也许是一个人在家里打打游戏。

在熟悉了自己的心理之后，你选择独处来消除自己的负面感受，这其实就是一种技巧——你在用正确的、恰到好处的方式来解决问题。

在这本书中，我将尝试为你提供一些看待心理世界的视角，并通过剖析多种负面情绪、心理顽疾的成因，引导你向内看见真实的自己，帮助你掌握调整自我心理的“技术活儿”，理顺自己的内心，收获内在的从容。

希望这本书可以给你一些帮助，让你更好地和自己的内心和谐相处，做一个“内核”稳定的人。

风墟

2023年3月

目录

Contents

1 Part 清理负面情绪

停止过度思考

3 Part 打造自我边界

Part 4 构建稳固内在

Part 1

清理负面情绪

为什么你总是沉浸在负面情绪中

1

负面情绪是指焦虑、紧张、悲伤、愤怒等一系列使人感觉不适的情绪，当我们在现实生活中遭遇不顺时，它就会随之产生。

人们会沉浸在负面情绪中，一般有三个核心原因。

（1）自我同情。

这里所说的自我同情，是建立在自我理解、自我感动、情节代入、侥幸和幻想等多种心理活动之上的。

理性上我们都知道自己是谁，但在感性上我们却要在“关键时刻”才能感受到自己的存在。

假如让你撰写一本自传，你写的必然是自己一生经历过的曲折的、重要的事件，而不是每天几点起床、几点出门之类琐碎的事情，因为这些都不是你的“关键时刻”。

可是当一个人一生中的“关键时刻”大多被创伤事件占据时，他就会将这些创伤事件作为自我定义的参照物，并得出“我是一个不被人爱的人”“我是一个总是失败的人”“我是一个不懂爱情的人”“我是一个废物”等负面的自我认知。

假如我们能够超越“二元对立”的思维模式，则会发现所谓的负面情绪还有一个非常重要的功能，即它能令我们深刻感受到自我内在的链接。

为什么负面情绪会有如此功能呢？很简单，因为负面情绪会让你想到内心千疮百孔的自己。

寻找、理解、体验内在的“我”，这是我们的内在需求。而沉浸在负面情绪中会强烈刺激我们的“自我感”——哪怕这个“自我”有着负面的标签。

就像一个刚刚失恋的人会喜欢看悲伤的电影、听悲伤的音乐。悲伤的电影能够将我们代入故事情节中，使我们看到与自己对应的角色；而悲伤的音乐能够让我们体验到与自己相似的情感。这一切，都让我们在感受到自我存在的同时，完成了一次自我理解和自我感动。

我们已经无法——或者说没有足够的能力，在现实中改变那些创伤。

所以当我们沉浸于负面情绪时，会连续做着改变那些创伤的白日梦，或者抱着侥幸的心理将过去的创伤事件解构，又或者幻想在未来有不同的结局。

一个人沉浸于负面情绪，本质上是沉浸于相信自己能够改变创伤事件的“幻想”中。

我们通过让自己沉浸于负面情绪，来“唤醒”创伤事件在我们的记忆中留下的痛苦体验，并通过“幻想发生一些改变”的方式来达到一定程度的自我治疗效果——这也是“音乐疗法”“舞动疗法”的根本原理，一些电影、电视剧具有心理治疗的作用也是这个原因。

这些疗法能够令你更深刻地代入过去的创伤，然后通过构建新的情节来改变你对创伤的理解，或者给你制造一种更为强烈的“改变”的幻象，从而让你从创伤中解脱出来。

比如，电影《和莎莫的500天》，对很多人来说，它对治疗失恋带来的心理伤痛有着特别明显的效果。

之所以有这样的作用，主要有三个原因。

第一个原因在于它讲述的是一个很简单的故事，容易让人代入。

第二个原因在于它将女主角设定为自我意识十分强烈、比男主角更明确地知道自己想要什么的人。这样的设定非常符合失恋的人的心理，因为事实上不管你的前任是什么性格的人，只要是他（她）抛弃了你，那么你的主观感受都会觉得对方游离于你的控制之外，掌握了更多的主动权。

第三个原因在于这部电影的结局。在电影结尾，失恋的男主角遇到了另一个漂亮的女孩，这给观众制造了他即将和这个女孩开始一段新感情的预期，让人们对未来燃起希望。

观影者仿佛通过这部电影重新体验了一次过去的创伤，这让他们有机会在头脑中将其改写，或是对其产生新的理解。

在现实生活中，心理咨询的来访者也是通过在咨询的过程中，反复体验自己过去的创伤，然后对“自我”产生了新的认知，进而治疗了自己。

人们沉浸于负面情绪中，其实是想通过自我同情来拯救自己，只是这种自我同情背后依赖的理论是朴素的、非系统性的，因而治疗的效果往往不尽如人意。

（2）为了逃避。

一个人沉浸于负面情绪中时，对于一切事情都可以用“我现在心情很不好，没有任何动力”来拒绝；而一切的自我放纵也可以用“我心情很差，需要调节”来当作借口。

起初，我们的确由于负面情绪的影响而失去了行动力，失去了对于一切事物的兴趣。可是当这样的影响持续下去，我们就会发现其中的“好处”——它可以成为我们做与不做任何事的理由。

这不意味着这个人本身品格存在问题，也不意味着他一开始就打着将此作为逃避和放纵的借口，而是由于人趋乐避苦的本性，让我们本能地试图去寻找那条最轻松、最小成本维持心理平衡的路径。

然而，根本的问题在于，最轻松、最小成本的路径，往往意味着它只是一种代偿性策略，它并不能够从根本层面解决问题，反而会由于问题和情绪永远只能短暂缓解而导致“不得不持续地使用代偿性策略”这样的结果。

就像“货币放水”是解决经济问题的一种代偿性策略一样，这种偷懒的方法一旦被使用，就意味着要持续地加大“放水”的力度，直至代偿性策略完全失效，整个秩序无法维持。

对于个体的情绪问题来说也是如此。

比如，你因为找不到对象而非常烦恼，那么真正能够解决这个问题的方法，是去学习交往的技巧、改善自己的形象、提升自己的收入。然而这些方法都是需要付诸努力的，因此你很容易逃避。

于是你会深陷在“挫败”的负面情绪之中，一方面通过自我同情来缓解自己的挫败感，另一方面通过悲观的态度来否定需要付诸努力的解决之道。

当我们遇到一个问题，或多或少要做点什么来应对。而我们必须非常诚实地承认，理想中我们所要选择的，自始至终都应该是对我们有最多好处、最少坏处的应对策略。只不过现实中人们首要衡量的往往是策略是否执行得足够轻松。

策略的轻松度和利弊不一定是完全对立的，轻松度是利弊之中的一个子集，它是我们综合衡量时的参考因素之一。

轻松与否就像创业时的成本高低一样，你如果只在乎成本不在乎其他，那么毫无疑问你会失败。你需要在一个项目有乐观的前景、明确的发展道路的前提之下，再选择成本最低的创业方式，而不能忽略前提，直接将成本作为唯一的衡量标准。因为如果你只考虑成本的话，那么最优选择显然是不做任何事，那样就不会有任何成本投入。

所以你要意识到，沉浸在负面情绪中虽然是最轻松的应对问题的策略，但它不是一个好的策略，因为它根本上等同于逃避，如同鸵鸟遇到了危险就把头埋进沙子里。

此外，使用负面情绪作为你做不做某件事的借口，也是毫无必要的。当你非要给原本充分自由的权力施加额外的条件时，这等同于你给自己上了一道枷锁。这道枷锁可以成为你暂时用于逃避的借口，但在别的事情上也会成为限制你的因素。

理由就等于权力，额外的理由就等于额外的权力。你今天想打游戏，为了抵消自己的罪恶感，就以自己心情不好为借口让自己安心；明天你再想打游戏，就会不自觉地先判定自己心情不好，然后再去打游戏。

在这里，打游戏是你不变的事情，而多出来的“我心情不好”的理由，本质上是多余的。沉浸于负面情绪就是很多人不敢直接贯彻自己的意志，所用于逃避的一个理由，同时也是为自己制造的一个不得不付出的代价。

（3）无能为力。

人们会沉浸在负面情绪中的第三个原因，是不知道该如何应对、消除负面情绪。

我想基本上没有多少人在小时候受到过“如何应对负面情绪”的教育，所以面对负面情绪，我们大多数时候是手足无措的。

看到别人不舒服也会激发我们的共情能力，这种共情能力会唤起我们自身的负面情绪，使我们认为别人的负面情绪和自己是有关系的，并且自己有义务帮助对方从负面情绪中走出来。

但事实上，我们对于负面情绪无能为力的感觉，又会唤起我们对自身的失望，使自己感到烦躁、焦虑。

父母注意到孩子的负面情绪却不知道该怎么安抚，这时候他们的内在体验由“看着孩子不舒服，我想帮他”迅速变成了“看着孩子沉浸在负面情绪中，我好烦躁、好难受”，这种心理变化是非常迅速的，父母自身往往觉察不到。

此时，问题从要处理孩子的负面情绪，变成要处理父母自己的负面情绪。所以接下来父母要做的就不是“帮助孩子从负面情绪中走出来”，而是变成“不要让孩子影响到我，不要让孩子令我心烦”。

于是，父母对孩子情绪的处理方式就会变得简单粗暴，他们的方式往往只有两种，一种是强硬的命令：“别哭了！别想了！有什么好在意的！”另一种则是对孩子情绪的否定：“你是一个男子汉，这点小事有什么好纠结的？我每天比你过得还累，我都没说辛苦，你有什么资格说辛苦？”

这两种方式对消除孩子的负面情绪来说都是无效的，反而会给孩子增加额外的负面情绪，令他们感到恐惧、愤怒、悲伤。

当然，这种对负面情绪的应对模式，其实也不仅仅是父母对子女，我们在生活中会遇到很多类似的情景。因为每个人都有自己的情绪，他没有照顾你情绪的义务，而且他更在乎的是自己的感受。

2

这里我要拓展一下，因为我不希望这本书成为心理脆弱的人寻找安慰、做精神按摩的“心灵鸡汤”。

很多时候，我们向别人表现出负面情绪，会期待别人能够“治疗”自己，对方也会有“我的话帮到了你、对你起到治疗作用”的期待。但事实上，我们是不应该向一个不具备心理治疗知识和经验的人寻求情绪开导的。

这就像你得了病试图让一个厨师给你治疗一样，你得不到治疗，他也对自己感到失望和无力，最终的结果只能是双输的。

很多时候，人们对待情绪问题的处理方法，使用的只是“锯箭法”而已。

什么叫“锯箭法”？

有个人被箭射中了，他去找医生，医生把他身体外面的那部分箭给锯掉了，然后对他说：“我是外科医生，现在外科的事我已经做完了，里面的箭你去找内科医生吧。”

这就是“锯箭法”。它反映的就是我们只处理表面问题，只想粉饰太平，制造出一切都好的假象，而不愿意面对真正的问题的心理倾向。

沉浸于负面情绪之中，通过自我同情来缓解情绪，这是一种“锯箭法”。除此之外，还有一种极为常见的情绪处理“锯箭法”——成瘾行为。这里不仅包括酗酒、抽烟、暴饮暴食之类的硬性成瘾行为，也包括沉迷于刷剧、打游戏等软性成瘾行为。

如果一个人会关注“为什么人们愿意沉浸在负面情绪之中”这个问题，那么我敢断定，这个人一定会有一些成瘾行为，不管是软性的还是硬性的，而且程度还不低。

一方面，一个人容易持续地沉浸在负面情绪中，这说明他感受快乐的能力下降了。做同样的事情，别人可以感受到七分的快乐，但他只感受到三分的快乐。如果他想和别人一样快乐，就意味着他要加大做这件事的力度，或者重复做多次才行。

另一方面，当我们出现负面情绪时，所有的成瘾行为有一个共通的作用，就是可以令当事人暂时从负面情绪中转移出来，又或是使他的感受变得麻木。这种麻木在当事人主观的感受中意味着“平静”，于是他得以从混乱和痛苦中暂时解脱。

3

现在，我们再来系统性地梳理一遍负面情绪很难得到解决的原因：

第一，由于缺乏应对负面情绪的方法，导致我们面对负面情绪时手足无措，不知道该从何处着手。

第二，我们不知道如何应对负面情绪，就会本能地去自行探索方法。而由于我们追求轻松的心理倾向，所以我们探索出的方法都是代偿性的，只能解决表面问题或者仅有暂时的缓解作用。

第三，最常见的代偿性策略，就是通过自我同情、幻想、成瘾行为来转移注意力，又或者让自己变得麻木。

第四，所有代偿性策略，都会使我们产生依赖。对于代偿性策略的依赖并不能真正解决问题，反而会在拖延中令问题加重，或者制造出新的问题。

第五，为了应对更大的问题，个体只能加大使用代偿性策略的力度。此时过去的路径依赖令其变得越来越难以从恶性循环中解脱。

4

如果你能够坚持看到这里，我想你应该已经在这篇文章中获得了足够的“自我理解”，但自我理解只是缓解负面情绪的手段，对于真正解决问题无济于事。

那么，在负面情绪这个问题上，我们究竟应该如何应对呢？

心理健康的标志之一，是一个人具有良好的承受痛苦的能力。

很多心理问题本质上是源于我们不愿意承受痛苦，希望回避那些令自己感到不舒服、伤心、沮丧、愤怒之类的事情或场景，于是就会开始使用代偿性的策略来逃避问题。

从你使用代偿性策略开始，就意味着你已经偏离了真正的解决问题之道。所以在这里我要强调一句“废话”：如果你打算解决一个问题，第一步在于你真心想要解决这个问题。

我在多篇文章中反复地强调过这一点：一个人如果真的打算自我改变，那么他首先要抛弃幻想，抛弃什么都不用付出就能获得一切的幻想。

5

我希望你在这里停一下，能够认真地思考一下这件事情，不要再像过去一样只是在表面上思考，然后获得一点虚妄的自我安慰。不要再自欺欺人，不要再选择对真相视而不见。

我们分析一个问题时，可以找到无数个不同的切入角度，但是如果仅仅以结果而论，我们之所以无法对一个问题破局，本质上是因为我们始终没有尝试着真正地去解决它。

负面情绪产生的诱因，必然来自一个人在意的现实问题。当你不再着眼于负面情绪的缓解，而是致力于现实问题的解决时，就意味着你已经迈出了自我拯救的第一步。

如何走出忌妒引发的心理失调

1

忌妒是一种非常复杂的心理，混杂了焦虑、怨恨、猜疑、恐惧、羞耻等一系列情绪。

众所周知，人在不同情境下会产生喜、怒、哀、惧等基本情绪，而多种基本情绪在特殊情境下常常会被同时诱发，从而表现为更加复杂的情绪。

恐惧加上害羞就变成了紧张，恐惧加上内疚、痛苦和愤怒就变成了焦虑。而作为“复合型”情绪中的佼佼者——忌妒，最起码由五种情绪组成。

2

事实上，忌妒这种情绪的产生，还需要一定的社会情境或是社会关系作为前提。

首先，你需要一个或多个他者。这些人曾经和你在某一方面站在同一起跑线上，甚至“你认为”他们还不如你。然而，他们现在却在一个或者多个方面优于你——金钱、名誉、地位等，并比你拥有更多。

其次，你需要较长时间处于一种对自己当前的生活不大满意，而又迟迟无力解决的状态。为了转移这种无力感，你会更容易转而去憎恨他人。

最后，这些人需要经常被你“看”到，哪怕你们相隔千里，他们也会在你的“朋友圈”中出现。

这三个前提情境每一个都很重要，但最关键的还是第二点。

这与你的人品或道德没有关系，绝大多数人在生活长期不顺遂时，都会“不由自主”地给自己找一个宣泄的出口。

我们会忌妒身边比自己好的人，觉得他们破坏了自己的“公平原则”——别人得到的要和我一样才公平。但是很显然，我们都能够意识到自己所认同的“公平原则”事实上并不公平。我们之所以认为它是公平的，是因为这条“公平原则”对自己来说是有利的。

所以，很多时候我们都是使用冠冕堂皇的理由，来掩饰为自身谋利的私心。

一个人如果能够清醒地意识到这一点，那么他就是一个聪明人，并且能够拥有较为放松的心态和健康的人格；但一个不能清醒地意识到这一点或是不愿意承认自身虚伪的人，必然会因内在的冲突而陷入痛苦。

3

以上是忌妒得以形成的前提。接下来我们需要了解组成忌妒的几种基本情绪，以及忌妒这一情绪发生的过程。

忌妒，首先伴随的情绪必是羡慕。羡慕本身是中性的，这是当我们在别人身上看到优于我们自身的特点或能力时所自然而然产生的。

有些时候人们会将羡慕与忌妒这两种情绪混淆，但实际上它们是两码事：羡慕是一种基本情绪，它是忌妒的组成要素。

你羡慕一个人时往往只会止于羡慕，或者会更为积极地产生“我也可以做得像他一样好”的竞争欲；但忌妒会让你在羡慕之后产生挫败感，你看到对方优于你的地方之后，产生的是对自己的不满，是自卑。

挫败感实际上是由于自己当前生活的某些方面不如意所导致的。人们往往会先感到挫败，然后再感到不公。

“不公”即“凭什么是他而不是我？”“凭什么他比我过得好？”“我明明比他更强，可为什么得不到他所拥有的那些东西？”

然而，在现实生活中，对方的确在某一方面优于你，甚至你心底隐隐知道，对方优于你的这一点是你不可能拥有的，或很难超越的，所以你又会产生屈辱感，并引发一定程度的憎恨。

4

在此我们需要了解到，并非所有的忌妒都是按照一定的顺序逐次发生的。对于不同的人来说，在忌妒发生的这一过程中，每一种基本情绪所占的比例，也是因人而异的。

比如，有的人的忌妒其实大部分成分是羡慕，有的人的忌妒大部分成分是挫败感，还有的人的忌妒大部分成分是憎恨。

实际上，情绪虽有正面和负面之分，但只有当一种情绪对我们造成困扰，对我们的正常生活造成消极的影响时，这种情绪才会变成一个问题。如果你只是短时间对某人产生了忌妒，过不了多久这一情绪就消失了或是被你遗忘了，那么这并不构成什么问题。

忌妒这一情绪会成为一个困扰我们的问题，基本上都是源于两个原因。

第一个原因是忌妒之中的挫败感、不公感、屈辱感和憎恨等情绪持续存在，令我们感觉自己好像“不对劲”，或是有点“不正常”。

其实这种状态并不是独见于忌妒这种情绪的，任何事件和情绪，如果它使我们心境恶劣、持续低落，我们就会感受到自己的“异常”。

此时你迫切地希望自己恢复正常，但这又导致你在认知上与自己产生了割裂，你将那些忌妒的情绪、恶劣的心境视为外在的、坏的东西，你希望将它们消灭，这样你就能够从持续的情绪折磨中解脱出来了。

但是，如果你不能接受自己的某一种负面情绪，并极度迫切地想要将这种情绪抛开、剥离，这种认知上的自我割裂本身就是一种异常状态。

这种自我割裂令你与自己的负面情绪分离，而这恰恰导致了负面情绪始终没办法消除。因为你失去了和它的联结，你也就失去了思考和感受负面情绪的机会。而充分地接纳、感受负面情绪，本是消除负面情绪的基本前提。

第二个原因，是人们会对忌妒这一情绪产生羞耻感，以及道德层面的自责。

基于人类在潜意识层面对自己的道德要求，我们往往会认为忌妒是一种不好的品德。如果你忌妒一个人，好像就意味着你心胸狭隘、人品低劣。

所以，当你在道德层面上开始自我攻击，就会进一步让事情变得复杂化。

5

当一个人被心理问题持续困扰时，真正困扰他的绝对不仅仅是简单的某一种情绪，而是这种情绪所引发的整体的心理失调。

认识到这一点至关重要，因为秉持这样一种视角能够令我们更为宏观，也更为客观地理解自己。

如果你深陷于某种单一的情绪，不断地进行思维反刍，会令你的视角越来越狭隘。最终你会将这种情绪的作用不断地放大，仿佛它会对你整个人生造成巨大的、难以估量的糟糕后果。

这种灾难化思维反过来又会加剧你对它的关注，这就是我们俗称的“钻牛角尖”。

因此，面对所有糟糕的情绪问题，你应该做的第一件事，就是必须将自己从对这一情绪的过度关注中解放出来，也就是你必须学会转移注意力。

你要先将这件事情丢到一边，不要试图去解决它，让自己的大脑放空一段时间，去关注别的事情。等你再回过头来重新看待这件事情，此时你秉持的就是一种更为宏观的视角，这种视角让你与之前所困扰的问题保持了足够的距离，也让你能够更加清晰地审视它。

然后，你需要破除给自己施加的道德压力。你需要意识到自己只是一个普通人，并且所有人都是普通人；所有的道德标准全都高于现实，原本就只有少数人才能够做到。

如果你能够秉持这样一种认识，道德压力便不攻自破，因为你已经将它解构了。

6

接下来，你需要处理的核心问题就是，由忌妒引发的系统性心理失调。

大多数人不会处理这个问题，根源在于，系统性的心理失调往往还伴随着思维的混乱和安全感的缺失，这两点都会使一个人手足无措。因为他是混乱的，是没有安全感的；他不能理性地分析这个问题，只能任由自己被直觉和各种条件反射所操纵，东一榔头西一棒子，毫无章法地进行着“自救”。

故而，在这一步中，你最重要的工作是让自己的思维恢复正常。认知思维能力是你解决一切心理问题唯一的自救工具，如果这个工具出了问题，你又怎么可能做出有效的应对呢?

所以你还需要有意识地收回自己对外界的注意力，让自己的精神从各种混乱的思维旋涡中抽离出来，能够安住于当下。之后你会发现，困扰自己的问题好像突然减弱了很多，甚至会觉得它们都消失了。

这是因为多数困扰你的心理问题，都必然会导致你注意力和思维的混乱。所以，当你收回注意力时，就能够体验到内心的安宁。

值得注意的是，你可能容易止步于此。此时你会误以为自己终于恢复正常了，但实际上这只是你混乱的思维得到了暂时的休整。你还是要去面对生活中那些真实存在的问题。

7

忌妒之所以会折磨一个人，是因为它让人不愿意面对生活中的挫败，并把挫败的情绪归咎于他人。当前的生活令你有多不满意，你就可能会对别人有多忌妒。

任何过于强烈的情绪，都会使我们的认知发生扭曲。强烈的忌妒情绪使我们很难客观地看待我们的忌妒对象，我们有无数的理由论证对方不应得到其所拥有的一切，我们也有无数的怨愤施加于对方身上，而这皆因我们迷失在了情绪的旋涡中。

我们每个人的生活本质上只和自己有关。你忌妒身边的某个人，其实只是错误地将对方和你强行进行关联。假如你失败了，仅仅是你自己的失败；假如别人成功了，那也仅仅是别人的成功；你的成功不意味着别人的失败，别人的成功也不意味着你的无能。

能够清醒地认识到你的事是你的事，别人的事是别人的事，你便做到了“课题分离”——不干涉别人的人生课题，也不让他人干涉自己的人生课题。如此，你才能真正摆脱忌妒的困扰。

跨过那道看不见的“栅栏”

1

一头大象从小就被人用一条铁链将其一条腿拴住，与插在地上的一根木桩连在一起。那么，在这头大象长大之后，即便它的力量足以挣脱开那条铁链，它也不会那样做。

因为小时候“无法挣脱”的束缚，早已成了这头大象“人格”的组成部分——它“人格”中某一部分的设定就是“永远不要试图挣脱铁链”。

我们人类何尝不是如此？

当我们的某种习惯、某种信念被固化之后，它就会获得“无因性”的特权。

什么叫“无因性”？打个比方，生存是本能，是不需要因由的。围绕着“生存”，吃饭和睡觉也成了我们不需要理由的本能。

你可能会说，我们是为了生存才需要吃饭、睡觉，生存就是吃饭和睡觉的理由。

实际上，对每一个人来说，当你吃饭时不需要先思考“我是为了生存所以要吃这顿饭”，而是你的身体本能在你饥饿时自然就会去做这件事。

2

由此带来了两个方面的启发：

第一个启发，当某个信念由于不断重复而成为我们的习惯时，它就获得了“无因性”，即不需要原因和理由就可以持续存在，甚至成为我们人格的组成要素。

我记得李玫瑾老师谈到过，父母对孩子从小到大说得最多的那几句话会成为孩子的信念。

这种信念就具备“无因性”。不管父母说的这些话有没有道理，不管这些话在逻辑上是否成立，仅仅是因为不断地重复灌输，这些话就会成为孩子认知中一条不可违逆、无法反驳的“金科玉律”。

比如，有些父母喜欢对孩子说：“你一定要争口气！”

这句话包含了三层意思：第一，你现在还不如别人；第二，你要持续努力；第三，你要不断地和别人比较。

这样一句简单的话，不断重复就会给孩子带来可能伴随一生的自卑和自我压迫。

因为“你一定要争口气”会潜藏在他的潜意识里不断起作用，让他持续地感到自己“不够好”，从而不断地自我施压。

而有些父母重复对孩子说：“妈妈（爸爸）爱你。”

这句话又意味着什么呢？意味着这个孩子会持续地感受到有人在无条件地爱着自己，同时他还会知道自己始终有一个依靠，那就是自己的父母。

“幸运的人一生都在被童年治愈，不幸的人一生都在治愈童年。”

父母给孩子灌输的任何信念都具有“无因性”，那些信念最终成为孩子人格的组成部分。无论是好的信念还是坏的信念，只要重复地给一个人灌输并深入其潜意识，那么这个信念就会像后台程序一样不断地在其潜意识里运行。

3

关于“无因性”的思考，带给我们的第二个启发是，认知只能调整认知，认知很难调整信念。

比如，在公司里，你和下属相处得不太好。朋友告诉你：“你作为领导，不要对下属太苛刻了，那样会激发他们的逆反心理。”你听到朋友的劝告后可能就会从自身出发，主动调整和下属的相处之道。

再比如，公司最近有一次晋升的机会，但竞争非常激烈，你从小被父母灌输了“努力才能进步”的信念，于是为了抓住这次机会，你在工作中加班加点、全力以赴，生怕做得不够好。这时朋友告诉你：“你不要对自己太苛刻了，该放松放松，这不会对你造成什么坏处，反而会让你更轻松、更有活力。”你可能也会觉得朋友说的有道理，却恐怕很难按照朋友说的去做。

认知只能调整认知，认知很难调整信念。

让你调整对待下属的方式，这只是日常生活中很平常的一件事，这件事只停留在你的认知层面。但“努力才能进步”已经成了你潜意识中的一种信念，信念就意味着“无因性”，它就在那里，很难因为你认知的调整就轻易发生变化。

人的认知会不断变化，加上认知对信念的反思功能，再加上过去一直没有认识到信念的“无因性”，所以很多人才会产生“认知可以改变信念”的错觉。

4

然而，最吊诡的地方在于，虽然“信念”的本质是“无因性”的，它的存在与产生只是因为不断地重复和强化，可由于我们大脑解释的能力太强了，所以每一个信念的存在又一定伴随着多种我们对它合理化的解释。

举个例子，“人要努力度过一生”和“人要轻松度过一生”，这两种相互对立的观点其实并没有对错之分，你秉持任何一种观点，都能找到无数个支持这一观点的理由。

很多时候，观点是没有对错的，给观点施加对错的评判才是错的。

倘若你理解了这一点，你就会发现，试图用认知去调整固有信念其实是很难的。你没办法依靠认知将固有的信念直接消除，你顶多只是依靠认知去建立一些新的信念。

5

谈完这些必要的前提和铺垫，我们再来进入这篇文章的主题：愤怒。

愤怒的本质其实很简单，就是对他者的攻击欲。

而愤怒的成因有两个：其一，我们的需求没有被满足；其二，我们的边界被侵犯了。

愤怒是人的一种本能，哪怕一个人在婴儿时期，如果他的需求没有被满足，比如他想玩某件玩具却不被允许，他也会用大哭大闹的方式来表达自己的愤怒。

“边界被侵犯”同样很好理解。比如，上学时你的同桌很强势，总是肆意地将他的课本或文具放在你的课桌上，这就是在侵犯你的边界。这时你就会产生愤怒。

如果一个人在成长过程中，个人需求总是得不到满足，个人边界总是被肆意侵犯，那么他就无法学会正确地释放自己的愤怒。这种“人格模式”的固化，通常还会伴随很多与其“配套”的信念。

比如，一个不能释放自己愤怒的人，往往也有着“我要做一个好人”“生气了就会挨打”“没人会爱我”等信念。

因为“我要做一个好人”，如果我释放自己的愤怒，就会极大地损害我对自己形象的期待和满意度，所以我不能生气；因为“没人会爱我”，如果我和伴侣生气的话他（她）就会抛弃我，所以我要一直忍耐……

6

愤怒压抑后会转化为自我攻击。这一点很容易理解，但为什么还会转化为广泛性焦虑（经常为没有特定类型的小事而感到持续焦虑的状态）呢?

其原因在于，当你在愤怒的时候，你是知道自己在对谁愤怒的；但如果你的愤怒没有得到释放，而是不断地在你内心打转，过不了多久你理智上把这事忘了，但内心的愤怒还在，这时你不知道自己的愤怒是指向谁的，这种没有明确指向的愤怒就会“泛化”，它就会弥漫到你对整个世界的认知和感受中。于是泛化的愤怒就变成了泛化的焦虑。

有过广泛性焦虑体验的人可以回想一下，当你的广泛性焦虑发作时，那时的状态和愤怒时的身体状态其实是差不多的，都是呼吸急促、全身紧张、肾上腺素飙升、身体发抖。但因为你不具备对自身愤怒识别的能力，所以当你的愤怒累积到爆发点时，你压根儿就没想到自己早已愤怒极了，反而会对此感到恐惧，觉得自己突然不正常了、失控了。

你没有失控，你只是愤怒到了极点。

这种情况下，你的愤怒就如同被驯化、被圈养的动物一样，你会理所当然地认为那道“栅栏”是无论如何都不能被逾越的。所以，哪怕你心有委屈和愤怒，你仍旧在不自觉地思考如何在那道“栅栏”之内将这些愤怒释放出去。

然而，你要想真正释放自己的愤怒，就必然要跨过围困你的“栅栏”，必然要接受这种愤怒“可能”会伤害到别人这一现实。

7

现在，请你深刻地检视自身，如果你发现自己对待所有人都有一种“宁可委屈自己，也不能得罪他人”的信念，说明你已经身在“栅栏”之内。

但同时你也要意识到，所谓的“栅栏”其实并不存在。那只是你自己一直认为存在的东西，是你自己用想象出来的东西束缚了自己。

请停止自我攻击

1

对人来说最可怕的事情是什么？

很多人可能会说是死亡，但死亡只是“本能恐惧”中的一种。人的生命中其实还有很多比死亡更可怕的事情，“自身经历无法解释”就是其中之一。

大脑的一个重要任务是使一切事物变得“自洽”，“自洽”意味着一切是可理解的、可控的，而达到这个目的的手段就是“编故事”。

如果一件与我们相关的事情发生了，但我们无法将它编成一个逻辑自洽的故事，就会因此陷入巨大的焦虑和恐慌中。

但这种焦虑和恐慌多数人是体会不到的，或者它刚一出现苗头，立刻就被掩盖了。因为我们大脑“编故事”的能力一流，并且最擅长的就是欺骗自己。

比如，有很多发了财的人，他们完全不知道自己为什么能发财，因为他们深知自己并无过人之处。

于是，他们就会变得很迷信，以为背后有神仙帮助。这些人的迷信行为只是为了让自己获得一种“控制感”。因为不知道自己为什么能发财，所以也就不知道如何继续保持这样的状态。

因此他们就需要一种“解释”，当他相信这个解释后，那个最让他担心的问题“怎样才能守住我现在的财富？”也就解决了。

2

“解释”的作用，就是让我们相信“自己想要的能够实现，自己不想要的能够被规避”。

然而，事实层面上是否真的能够达成目标并不重要，重要的是只要让自己相信，这就足够了。

另外，“解释”的正确与否也不重要，重要的是要有一个“解释”存在。

由于我们的大脑如此擅长欺骗，因此当它对一件事情做出不合理的解释，同时你又依此做出行动时，就会出现这样一种现象：你越是想努力解决问题，问题就变得越糟糕。

你的大脑一旦接受了某种解释，就很难再接受其他可能性，由此你会陷入一个恶性循环：大脑对问题做出了错误的解释，使你采取了错误的方法；错误的方法又导致了糟糕的结果，于是你加大力度继续采取错误的方法，最终使结果变得更加糟糕。

3

你知道有些人之所以抽烟不是因为烟瘾，而是因为身体有炎症吗?

它背后的逻辑是这样的：当人的身体出现各种慢性炎症时，他在日常生活中几乎每时每刻都会感到不舒服。为了缓解这种不适感，他就会选择抽烟。因为烟草中所含的尼古丁能够让他的感受能力变得迟钝。感受能力变得迟钝之后，身体的不适感虽然仍旧存在，但会得到缓解。

我们的大脑习惯轻易给出解释，认为抽烟是解决问题的方法，再加上“路径依赖”，这两者共同导致了一个人会在无意识中持续很多错误的、伤害自己的行为。

不要对“人会主动伤害自己”感到奇怪和难以理解。我们的大脑其实有很多“漏洞”，我们的潜意识也并不是按照“客观逻辑”去运行的。

4

现在，我们回到“自我攻击”这个话题。

首先要明确，“自我攻击”也是大脑解决问题的一种方法。

为什么呢？因为所谓的“解决问题”，通常是大脑用“让你感觉不到问题的存在”的方式来完成的。而这也不意味着问题能在现实层面得到解决，它只是让你“相信”问题已经被解决了。

比如有人惹我生气了，其实这背后的情绪是非常复杂的，我可能会觉得不公平，凭什么他敢肆无忌惮地惹我？也可能会觉得特别无力，甚至觉得很委屈。总之，“生气”的情绪背后有很多复杂的想法和感受。可是我们的大脑对这种状态的理解常常是：如果我把这种情绪消除，问题就被解决了。

对于负面情绪，我们的大脑有一种常用的处理方式叫

"合理化"，也就是给这种情绪提供一个"解释"，当这种情绪得到合理的解释之后，我们就会认为这种情绪是合理的、可接受的。

"因为我很差劲，所以别人才会故意惹我。"

"因为我没有能力，所以才总是失败。"

这样的解释对我们的大脑来说是"合理"的。

而当你习惯将问题产生的根源都归结于"我"，就会习惯性地自我攻击。"自我攻击"的作用，就是给那些令我们不舒服的事情一个合理的解释。

这样的逻辑，就像一个小学生被另一个同学欺负，老师却说"为什么他不欺负别人就欺负你"一样，都是将责任归结于受害者。

你习惯将问题的责任都归结在自己身上，你的大脑习惯于并且也止步于这种简单、粗暴的解释。所以，自我攻击就成了你应对问题时的一种习惯性手段。但这本质上只是一种错误的逃避。

5

如何停止自我攻击呢?

当你理解自己为什么会自我攻击时,你就会发现,自己的视角不再仅仅局限于“停止自我攻击”这一点上。

一个因为身体的慢性炎症而抽烟的人,要思考的是怎样处理自己身体的炎症;一个习惯自我攻击的人,要思考的是怎样给自己的挫败找到符合现实的解释。

对于前者,有效的方法是治疗身体的炎症;对于后者,应采用符合现实的方法去解决问题,而不是止步于通过“自我攻击的解释”来逃避问题。

如何做好情绪管理

1

我们的情绪与“思维”和“感觉”密切相关，而思维决定我们的认知，感觉反映我们的生理状态——尤其是我们的神经系统和内分泌系统的状态。

认知和生理状态都会影响我们的情绪，但是认知对情绪的影响通常是显性的，我们很容易就能觉察到；而生理状态对情绪的影响则是隐性的，往往很难被发觉。

对于大多数人而言，情绪更多地会被理解为一种抽象的心理活动，这使得人们极大地忽略了生理状态对情绪的影响，以至于我们总是习惯将这种影响归因于某些事件，或自己的认知偏差。

2

比如，我们会认为一个人之所以愤怒是因为他“想不开”，只要通过语言开导他就好了，但事情并非如此简单。

仔细回想一下，我们每个人可能都经历过这样的时刻：

当某人开导你时，即便对方说得很有道理，哪怕已经改变了你对事件的认知，下一秒你还是有可能再次莫名地气血上涌，甚至会说：“我就是想生气！”于是继续愤怒，直到呼吸不再急促、神经系统从亢奋状态中恢复过来，愤怒的情绪才会逐渐消退。

我举这个例子，并不是要表明改变认知对调整情绪无效，而是旨在说明一个人的认知并不能完全决定情绪的好坏。

当然，我们也没有必要非去探究到底是认知决定了情绪，还是生理状态决定了情绪，这种探究毫无意义。

因为即便你得出了“认知决定情绪”的结论，当你身体的生长激素水平下降时，你还是会不由自主地感到情绪低落。或者当你脑中分泌的内啡肽增多时，你还是会不由自主地感到快乐和满足。

3

我之所以不厌其烦地强调认知和生理状态对情绪的双重影响，根本目的在于，要让人们对情绪形成一种完整的认识，意识到其内在的“多因多果性”——一种情绪的产生，背后往往有着多种原因，且这些原因同时也会诱发其他的情绪问题。

想象一下：今天早上，你不小心把自己的水杯摔坏了，你觉得自己真是倒霉，因此发了很大的火。为了发泄愤怒，你甚至不惜把另一个杯子也摔了。而你之所以会如此愤怒，可能是因为昨天发生了很多不顺心的事，这导致你的情绪在今天被一个摔坏的杯子全部点燃，最终如火山般爆发。可是如果摔坏水杯这件事发生在前天，你可能就不会有太大的情绪起伏。

生命的存在方式是动态的、流动的，情绪管理也并不是一件一劳永逸的事情。

并不是说你拥有了更理性、更正确的思维方式，并且调整了自己的认知，你的情绪管理水平一定就更健康——在某些时候，比如当你处于哀伤的情绪状态中时，过于理性的认知有可能还会对你造成一些伤害。

4

实际上，情绪管理是自我管理的一个重要组成部分。

正如时间管理中的本质性理念：不存在时间管理，我们管理的不是时间，而是我们自己。情绪管理的本质也是如此，我们管理的不是情绪，而是我们自己的生活方式。

所以，提到情绪管理时，不能将其理解为一种短暂的、只针对极端情绪出现时的自我管理，而要意识到，情绪就像我们的思维方式一样，它是一种持续存在的模式，也有其自身的习惯。

只处理极端情绪，就如扬汤止沸，是治标不治本的。只有着眼于管理你的情绪模式，你才能从根本上塑造出你和情绪的健康关系。

5

建立健康的情绪模式，我们首先需要关注自身的生理状态。因为生理状态对我们情绪的影响更为直接，持续时间也更长。

我见过很多来访者，他们对自己的生理状态完全不在意。常见的现象是，当他们走进心理咨询室时，他们的注意力就完全集中在“心理”这个词汇上，思考问题全部围绕着自己的内心世界。

然而，一个长期熬夜的人如果不改变他的作息习惯，哪怕他的认知再正常，他虚弱的身体也一定会让他变得急躁和敏感；一个患有肠易激综合征的人，即便他已经进行了100次心理咨询，如果在下一次咨询前喝了一杯冷饮，那么在咨询中他也一定会无意识地多了一些攻击性。

强调生理状态对情绪的影响，是为了令我们能够尽可能地抓到重点，真正地解决问题。如果我们想拥有健康的情绪模式，首先要问问自己有没有一个比较健康的生活作息习惯和身体状态，如果这两者都出了问题，那我们就不必再自欺欺人地在认知上下功夫了。

6

从生理状态的角度看，有一个基本能够对所有人的情绪状态起到正面作用的方法，那就是运动，特别是持续30分钟以上的运动。

运动可以刺激人体分泌更多的内啡肽，内啡肽作用于人体，使人产生愉悦。所以，保持运动的习惯，一定会对你的情绪产生积极的影响。

从认知的角度看，关于情绪的调节，有两点非常重要：其一在于修正认知偏差和心理防御，其二在于以正念的方式对待负面情绪。

我们大部分的负面情绪基本都是由认知偏差和心理防御引起的。比如，有些人在失恋之后陷入痛苦的泥沼，觉得生无可恋，这就是因为他们在失恋时产生了许多认知偏差：

“离开了他（她）就不会再有任何人爱我了。”

“被抛弃说明我一无是处，没有任何价值。”

“我的人生完了，再也没有任何意义。”

……

之后，不同的心理防御机制开始起作用：

首先是“压抑”。被抛弃会导致一个人对对方产生恨意，而这种恨意一开始会被压抑住。

然后是“退行”。巨大的情感冲击常常能让一个人的意识水平退回儿童时期，表现出一种幼稚、任性、不负责任的态度，并试图以极端行为来获得别人的注意力。

7

本质上，认知偏差和心理防御都是对客观现实的扭曲：

不符合客观事实的认知，就是认知偏差；不能如实接受现实，从而对现实进行扭曲和逃避，由此产生的各种想法就是心理防御。

所以，修正认知偏差和心理防御的方法也并不复杂，我们只要逐渐让自己更多地去认知现实、接受事实，而非沉溺于自己的主观世界，我们的情绪管理能力必然会稳定地提高。

当我们处于强烈的负面情绪中时，我们可以通过正念来让情绪止息。

所谓正念，指的是不含评判的觉察。

注意，要点在于“不含评判”，即没有先入为主的立场和期待。这种觉察具有非常强大的能量。打个比方，正念就像太阳，而负面情绪就像雪，在太阳的照耀下，雪自然会迅速融化。

8

因此，当你受困于极端的负面情绪时，要让自己保持不含评判的觉察。

向内仔细地观察自己，观察自己的情绪，就像观察一个玻璃瓶中你第一次见到的生物一样。

你愤怒，就仔细地观察这种愤怒；你焦虑，就仔细地观察这种焦虑；你消沉，就仔细地观察这种消沉。

大部分时候，正念都可以让我们逐渐平息负面情绪，并且让我们对自己情绪的认识变得更为深刻。

不过，当我们在面对自身的负面情绪时，始终要牢牢地记住一点：

负面情绪多数时候只是我们身心失调的警示信号，并不是把负面情绪清除了就万事大吉，重要的是看到形成负面情绪的原因是什么。

只有挖掘出负面情绪背后的真正问题，我们才能获得真正的成长和改变。

Part 2

停止过度思考

如何摆脱心理内耗

1

心理内耗，顾名思义，就是一个人在持续的内在冲突中自我消耗。而导致这一症状产生的原因是极其复杂的，往往是多个因素环环相扣的。

（1）心理内耗的产生，说明一个人注意力的倾向是向内，而非向外的。

比如，一个失败的销售员——假如他是一个内向的人，在思考如何改进自己的工作时，他大概会将自己的失败归因于自己的性格过于腼腆、和客户打交道时太紧张、不够自信，等等。但如果他是一个外向的人，则会将失败归因于自己对公司产品不够了解、话术存在缺陷、没有做好对客户的筛选，等等。

注意力向内，决定了一个人或多或少都会产生心理内耗。

因为注意力就是一种心理能量，它投注在哪里，就意味着你要和哪里发生碰撞。它投注于外部的现实世界，这并不一定会引发你产生负面的感受；但如果它投注于内部的心理世界，就意味着你内在的多个部分要发生碰撞，并且碰撞所造成的附带损耗，也全部由你自己的心理世界去承担。

（2）心理内耗的第二个原因在于自我冲突。

从宏观上讲，人的自我冲突的形成主要有两个原因。

一是源自价值观的幼稚和混乱。

价值观是我们面对事情时用以做出抉择的评判标准，幼稚的价值观往往会令一个人做出不成熟的决策，这些不成熟的决策会导致现实中不顺遂事件的发生。

而混乱的价值观，则会让一个人在遇到事情时完全不知道该怎样处理。他没有章法，没有清晰的思路，这本身就是一种自我冲突。

二是源自一个人不能驾驭好自己的情绪，特别是恐惧的情绪。

恐惧是人类最为原始的情绪之一，一个过于胆小的、畏缩的人会将外部世界发生的事件想得过于复杂，并且会过度担忧不良后果的发生。

为了抵御内心的恐惧，他就会过度思考，思维反刍，不断地试图说服自己、调整自己。在这个重复思考的过程中，他就会陷入持续的内在冲突。

(3) 心理内耗的第三个原因在于过度的心理资源消耗。

谈到过度的心理资源消耗，这一点主要源自人们倾向于追求最低成本、最快速地获取快感的心理。

而低成本的快感获取方式主要有两类：第一类来自幻想；第二类则是通过外物的辅助，如网络小说、短视频、游戏等。

获得快感，就意味着你的大脑处在一种紧张的、高速运转的状态中。而低成本的快感获取方式意味着这种快感是能够轻易维持的，你可以连续几个小时看小说，你也可以通宵玩游戏，但是你不可能连续在沙发上安静地坐几个小时，因为你很快就会感到无聊。

做不同的事情时，你大脑的运转速度，你投入的精力，你的生理资源、意志力资源的消耗程度等都是不同的，而那些可以低成本获得快感的事情，往往都有着极高的“功耗率”，它会让你的精神保持高速率的运作，心理资源被过度消耗。

（4）心理内耗的第四个原因是未及时恢复自己过度消耗的心理资源。

人要自我控制是需要消耗心理资源的，当你的心理资源不足时，你需要休息、恢复精力，此时如果强行驱动自己继续做事，就会导致心理内耗。

你吃饱喝足之后，精力充沛，打打游戏本身没什么问题，反而是一种娱乐和放松。

但假如你“996”工作了一周，晚上十点回到家明明已经累得不行，却还要玩几把游戏，这时你玩游戏的每一秒，都是在对自己进行过度的消耗。甚至可以说当你的心理资源消耗殆尽时，你只要不是在休息，那么你做的任何事情都是在加剧对自己的消耗。

2

心理内耗本身就是一种亚健康状态，这种状态会引起人的心理焦虑、精神恍惚、记忆力下降等问题，长期如此也可能会引发生理疾病。

持续的心理内耗，会令一个人处于持续的神经紧张状态。由于神经紧张，你会比平时更加敏感，一有风吹草动都会引起你更多的反应和遐想；再加上心理资源的耗竭，此时你的意志力已经远远不够控制自己的大脑了，如果你恰好又是一个缺乏安全感的人，这个时候你很可能会失控，恐慌和焦虑都会加剧。

因为你对自己意志力资源的过度消耗，会导致你无法通过睡眠补足自己过度消耗的心理资源，这时候如果你还在持续过去的生活模式，就会持续不断地加剧你的心理内耗。

接下来就可能会有一个十分危险的情况发生，因为你的心理资源不足以支持你应对一天的正常生活，你就很可能会选择逃避生活，转而通过沉溺于低成本获得快感的方式来转移注意力，转移你对生活的无力感，转移正常应对生活的艰难（此时应付正常的生活，对你来说已经是一件艰难的事情了）。

而这恰恰又是一个恶性循环的开始，因为前面我们分析过，低成本获得快感的方式会更快速地消耗你的心理资源。

当一个人每天早上醒来，他的第一件事就是要通过喝酒、玩手机、刷短视频等方式来逃避现实生活时，就意味着他很可能已经对成瘾物形成了重度的依赖。这也意味着他的心理内耗实际上已经到了一个比较危险的程度。

3

导致一个人心理内耗的原因很多，但作为一个“症状”，它的解决策略却是简单而直接的，可以直接通过行动来自我治疗，而不需要太多涉及一个人的心理。

如果在这个问题上你过多地考虑自己的心理成因，反而会因为过度思考导致这个问题本身被加剧、被强化。

因为一个持续处在心理内耗状态的人，他本身就会有犹豫不决、怠惰的行为特点。就像一个人因为吃得很少而长期营养不良，那么他要做的就是直接增加自己的饮食量。

不管心理成因是什么，如果没有外部的咨询师提供帮助，对于心理成因的探索都会对他的治疗毫无帮助，反而还有可能会令他将这些原因作为他不去改变的一个理由。

因此，假如你是一个长期心理内耗的人，理解前面这些阐述，不让自己在“如何解决心理内耗”这个问题上陷入反复的思考，大概率会对你有所帮助。

4

在技术层面，这个简单而直接的解决策略是什么呢？

答案就是四个字：定时休息。

心理资源的消耗本身并不是问题，因为你只要控制自己做任何事，就必然要消耗心理资源。问题在于你消耗了之后不进行补充，而是继续不断地透支。

当然，假如你能够有意识地减少自我冲突、减少不必要的心理资源消耗，这毫无疑问会是非常有帮助的。但你必须意识到，在你原本就处于持续的过度透支的状态时，还希望能够自我约束，这往往并不现实。

那些会让你快速地、大量消耗心理资源的事情，要么是迫于生活压力你不得不做的，要么是事实上你已经形成了或轻或重的成瘾习惯的事情。

你必须面对现实、承认现实，意识到假如你试图停止做这些事情，你需要付出大量的意志力资源。而这事实上是你并不具备的，这对你来说往往只是一件理论上、逻辑上来说可行的事情。

5

因此，一个诚实地对待这个问题的态度，是要承认自己那不足的意志力资源，能够支持你做出的自我改变是少之又少的。而你必须将这些极其有限的意志力资源使用在对你来说最有用，同时又让自己能够得到恢复的事情上，也就是定时休息。

假如你有余力，这个定时休息的时间应当依据你对自身的感受而定。

当你感觉自己到达疲惫的警戒线时，你就要去休息。假如你没有这样的余力，那么最起码你可以在每天入睡之前先休息一阵子，然后再去睡觉。虽然睡眠本身就是一种休息，但你也应当意识到，一个身心紧张、昏昏沉沉的睡眠，和你事先有了一定的放松，将身心状态调整之后再开始的睡眠，两者对于精力恢复的质量是不可同日而语的。

很多人往往不注意睡眠之前的准备，这是因为他们的身体和心灵长期紧张，如果让他有意识地去休息的话，他甚至会感到不舒服。

有意识地休息时，你会充分地感受到自己僵硬的身体、紧张的精神，所有这些不舒服的状态都让你不想面对、不想承受，所以你宁愿让自己玩到筋疲力尽撑不下去的时候再入睡。

然而主动休息的关键，恰恰就在于你要去感受这些身体上的不舒服。你需要意识到身体中那个不舒服的地方，然后它才可能会放松。

6

总之，心理内耗的产生就像你驾驶着一辆马车，但你并不爱惜这匹马，你总是在它超出能力极限时，还要它继续奔驰。

你必须意识到，解决心理内耗的核心落脚点，还是在于你对自己身心的时常关注。也就是说，当你意识到自己疲劳的时候，就请一定休息一下。

警惕完美主义中的"舍本逐末"思维

1

很多人的完美主义，本质上是一种"舍本逐末"的思维。

"舍本逐末"会导致一个人忘记了为自己的目标服务，转而去为手段服务。

比如，你想生活得好，并计划好应该赚多少钱。那么"生活得好"就是你的目标，而"赚钱"是你的手段。

手段原本是为了"目标"而存在的，然而在你赚钱的过程中，却不知不觉地忘记了自己的目标，每天想的只是赚钱这一件事。这时候，你就是处于“舍本逐末”的思维状态中而不自知了。

我们之所以陷入这种状态，是因为我们的注意力有限，只有频繁出现在我们大脑中的信息才会被强化，淡出我们大脑中的信息就会被遗忘。

那些具有完美主义倾向，日常生活中不断被各种各样无足轻重的小事所困扰的人，他们甚至都不是“舍本逐末”，而压根儿就是“无本逐末”。

2

这是什么意思呢？从心理层面分析，这个“本”指的就是“自我”。

如果一个人的自我没有得到充分发展，他从一开始就会缺少目标，也不清楚自己这一生中最重要的事情是什么。这就好比我经常爱说的那个比喻：一个人驾船航行在大海上，他没有自己的目的地，只能在海面上随波漂流。在这种情况下，他只是生活的“被动应付者”，所以他总要面对生活给他带来的无穷无尽的问题。

当一个人总是疲于奔命地去应付生活中的问题时，毫无疑问，这会导致他一事无成，并且会让他不断地陷入麻烦当中。

就好比我此刻虽然在写这本书，可我的生活中还有许多其他的问题在等着我：公司需要招人、快递需要取、午饭还没有吃、衣服还没有洗、还得准备咨询服务，等等。

如果我不能将这些问题暂时屏蔽掉，专注地坐在电脑前敲下这些文字，而是不断地被这些问题分散注意力，那么这本书我将永远都写不完。

3

强大的“自我功能”和明晰的“目标”，这二者是相互作用的。强大的“自我功能”会令一个人具备明晰而具体的目标，当这些目标达成后他就能够心安理得、心无旁骛地去享受自己的成果；明晰的目标可以增强一个人的“自我功能”，令其得以在向一个目标迈进的过程中整合自己内在的所有资源，并起到一种“练兵”的效果，使其内在的各个部分能够协调、有效地相互合作。

所以，在你缺乏强大的“自我功能”的情况下，“集中精力去完成一个目标”，这就是最好的增强“自我功能”的方法。

很多人并不能理解这一点，他们往往认为必须先增强“自我功能”，然后才能去完成生活中的目标。然而，那些他们认为能够增强“自我功能”的事情，其实都是看似有针对性，实则不过是自我安慰。

就好比一个“社交恐惧”的人说：“我要先克服社交恐惧再出门！”

于是他在家里待了三个月，准备好好地让自己积攒能量。但是他在家里待了三个月后会发生什么变化吗？根本不可能。他不可能在外部情境毫无变化的情况下改变自己的内在——走出房门。分阶段地练习社交才是克服社交恐惧的正确方法，而不是空想，指望奇迹会从天而降。

此时一定会有人提出疑问：“我知道要出去练习社交，但我就是不敢啊！我待在家里，就是为了让自己做好出去社交的准备。”

需要明白的是，对同一件事情的不同认知，会让我们做出不同的回应。当你理解“走出房门去练习社交就是克服社交恐惧的正确方法”这一点时，你的内心的确仍会有恐惧，但并不会再抗拒。

因为这是一种客观的描述，就好比我告诉你如果想钓鱼就要去买鱼竿一样，这本身就是一个非常直接的目标与行动之间的关系。

但如果你不能如实、客观地去认知它，你就会产生很多内心戏，心中会不断冒出各种各样的想法来自我安慰：

“凭什么我要出去和别人社交，我一辈子待在家里一样可以过！”

“外面的人太可怕了！我一出去肯定会被嘲笑的！”

4

如实、客观地去认知事物时，这时的“我”是不太重要的，你不会受到太多自己内心想法的影响。

然而一旦你开始偏离，不再如实、客观地去认知事物时，“我”就会冒出来，一切都变得和“我”有关：“我”觉得很累，“我”觉得没必要，“我”不想这样做，等等。

当你意识到在这些时刻自己的感受不重要，那么你那些不断冒出来的想法、各种鸡毛蒜皮的小事、无关紧要的感受就能够被你忽略，不会再影响到你。

有个人曾经和我聊天，说他非常希望自己成为一个优秀的人，他的终极目标是做一个圣人。但现在有一个令他特别纠结的问题就是：孔子究竟是不是真正的圣人呢？

就因为这个问题没想明白，所以他迟迟不知道要怎么做。

这就是典型的“舍本逐末”。他的“本”是希望自己成为一个优秀的人，那么接下来他要确定的是：“优秀”的定义是什么，关于“优秀”有哪些评判标准。

只要确定了这些，直接照着去做就行了。至于孔子是不是圣人，这个问题本质上是无关紧要的，为此而纠结没有丝毫意义。

因此，对于我们每个人来说，不管是设定自己的人生目标还是进行日常的思考，都要确定什么是“本”，什么是“末”，然后只需抓住“本”，不必在意那些细枝末节。

5

“二八定律”是一条在许多领域都适用的规则：20%关键性的工作，往往能创造80%的价值。

同样，你生活中也只有20%的事情是真正重要的，却给你的人生带来了80%的影响。当你能够集中精力，去做好对你来说真正重要的事情时，那些曾经困扰你的小问题基本都会附带着被解决了。

当你学会“逐本舍末”，你会发现很多曾经困扰你的问题其实都不是问题，你也没必要去为它们纠结。就算那些事情没想明白、没被解决，也根本不会对你的人生产生什么重大影响。

曾听到一位名人说：“原来我以为‘四十不惑’的意思就是说，到了四十岁你就都明白了，什么都懂了。其实到了四十岁的时候才发现，‘四十不惑’的意思是说，到了年纪，你不明白的事你就不想明白了。”

其实也并不一定是你不想明白了，而是你意识到，那些事你没必要一定得弄明白，很多问题也不是一定要去解决。

一个你喜欢了好久的女孩，若有一天你娶了她，你就不会再整天为不能和她在一起而痛苦了；但忘了她也可以让你不再痛苦。

所以“忘记”也是一种解决办法，不去管令你痛苦的事也是一种解决办法，甚至“不解决”也是一种“解决”办法。

我们来世上走一遭，是为了去体验各种各样的事物，而不是为了把一切都做到完美，不是为了成为一个解决问题的机器。既然如此，就让我们轻松“玩”好这一生吧！

没有定力的人，越聪明就越平庸

1

在叔本华的《人生的智慧》一书中，有这样一段话："如果一个年轻人很早就洞察人事，擅长与人应接、打交道，在进入社会人际关系时，能够驾轻就熟，那么，从智力和道德的角度考虑，这可是一个糟糕的迹象，它预示这个人属于平庸之辈。"

有网友对此给出了自己的理解："说白了就是顿悟的阈值太低。易定者无感，易感者无定。"

这位网友的话给了我极大的震撼。尽管我也很清楚“知易行难”的道理，但当他从“顿悟的阈值太低”这个角度去解释时，我觉得真的是说到点子上了。

2

我就是一个典型的“顿悟阈值低”的人。

无论多小的事情，多么微妙的细节，我都能从中分析、总结出一番大道理。我之前的很多文章都是这样，从一些很小的事情掰扯出动辄四五千字的分析。

过去的我并没有觉得这有什么问题，反而还隐隐有些自豪，觉得自己是天赋异禀，拥有独特的分析问题的能力。

但事实上，这种所谓的“天赋异禀”的能力给我带来的问题比好处要多得多。

我无时无刻不在“分析”，总是试图从身边发生的任何一件小事上挖掘出所谓的逻辑或道理。这种狭隘和微小的着眼点，实际上极大地限制了我的格局。

当我沉溺于通过吃一顿饭而分析出企业运作的逻辑时，我会不自觉地认为自己好像真的掌握了企业运作的逻辑，从而极大地高估了自己，对自己的能力产生了不切实际的认知。

即便世上很多事物有着相通的逻辑，但只看到相通的逻辑，而没有经历不同难度的实践，必然会造成对现实的不准确甚至荒谬的认知。

同时，因为太容易就能够产生各种各样的“认知”和“领悟”，这就导致我常常对同一件事物有着多种不同角度——很多时候甚至是不兼容的、矛盾的认知。而这恰好又是导致行动力低下的一个重要原因。

3

比如对于如何缓解焦虑的问题，顺其自然、为所当为是一种解决方法，修正不合理的信念也是一种解决方法，适当训练仍是一种解决方法。

当你知道很多种解决方法时，你就很难做出决断，因为你总觉得这个也对、那个也好，于是每个方法你都只是浅尝辄止，并不断地在不同的方法间切换和纠结。

没有定力的人自始至终都只是在追求“舒适”。

“懒惰”在某种程度上可以等同于“只追求舒适”。

当一个人把一生中大部分的精力都投注在追求“舒适”上时，他得到的更多的是感官上的不舒适和心理上的痛苦。因为当你只追求舒适时，你对生活中无处不在、不可避免的痛苦的耐受力就会是零。你所做的一切，在潜意识中都是在为自己感官的舒适而服务，此时，你做事的动机和目标都是向“内”的。

那些过于敏感的人，大多是喜欢追求心理舒适的人。因为对心理痛苦的耐受力太差，所以特别容易在小事上感到受伤，这种敏感也可以理解为一种“自恋”。就是自始至终一直以自我为中心，永远都是为了自己而活。

4

事实上，“利他”才能带给我们真正的快乐。这是因为“利他”代表着一种自我界限的打破，一种注意力的转移，你不再整天局限于“小我”的范畴，或者说，你从根本上直接摒弃了对自我“舒适”的追求。

只要能够打破“小我”的疆界，不再过度关注自己的感受，我们就不会如此敏感和脆弱。

就像人的欲望是无限的，不可能被满足一样，对“舒适”的追求，本质上也是不可能被完全满足的。

你越是追求欲望的满足，越会产生更多的空虚和更多的欲望；你越是追求感官和心理的舒适，越会感受到更多的痛苦。

人生有涯，而欲望无涯。放弃一味地追求自我满足，才能获得真正的成长。

5

基于上面的梳理，我们对“定力”这一概念可以有一种新的理解。

“定力”等同于我们不受自身感受和心理影响，能够持续做一件事情的能力。

对于个性敏感、顿悟阈值低的人而言，培养定力的难度在于：他们过去做事情的根本动机是为了追求“舒适”，培养定力就意味着他们需要放弃这种最初始的动机。而在他们看来，追求自身感官和心理的满足是天经地义、理所当然的。

症结就在这里。

对于个性敏感的、顿悟阈值低的人而言，所有的意义本质上都是围绕着“我”展开的，只有与“我”相关的才是有意义的，能给“我”带来好处的才是有必要关注的。和“我”无关的就没有意义，没必要关注。

没有定力的人，越聪明就越平庸。只有当你真正学会放下狭隘的自我之后，你才会发现，你能做的事情、你能获得的乐趣，原来比你想象的要多得多。

接受你无法改变的事情

1

有读者给我留言：“我试图不去为那些我无法改变的事情而纠结，但与此同时，我感受到了一种不安全感。请问在这种情况下，我是应当顺其自然，还是能够做些什么去缓解这种感受呢？”

这个问题非常典型，代表了多数人常有的一种心理状态。

在这种情况下，“纠结”的功能恰恰是为了缓解不安全感。

纠结就是权衡，让你在多个不确定结果的选项之间来回犹豫，并试图找到那个最能规避风险、获得最大利益的选项。如果找不到这个最优解，就意味着你认为自己要承担一些损失或危险。

对于你，明知有些事情无法改变却还要继续纠结，这时纠结的功能就是维持幻想，维持“这件事情还可以改变”的幻想。

如果你完全接受了这件事是不可改变的，又怎么会纠结呢?

因此，你“知道”这件事情无法改变，但仍旧“希望”这件事情能够改变，“纠结”只是你的“希望”和“事实”之间冲突的一种表现形式，根本问题不在于你陷入纠结，而在于你没有彻底放弃幻想、接受现实。

在你还未彻底放弃幻想的情况下，试图让自己不纠结，这是治标不治本。

总之，你既不放弃幻想，又不允许自己纠结，那种不安全感当然会持续存在。

2

我们期望一件不可能改变的事情能发生改变，一开始是为了平复焦虑。

比如，你知道自己高考没考好，这时你会幻想会不会出现某种奇迹。因为“高考没考好”这件事会让你产生焦虑，你会担心考不上心仪的大学，你会担心父母的责骂，你会担心被别人嘲笑……

你的不安全感也好，对事物的纠结也罢，这些都是次要的，那件“不可改变的事情”所引发的焦虑才是主要的。不抓住主要矛盾，始终只在次要矛盾上打转，你就会陷入泛化的焦虑和抑郁之中。

因为所有的次要矛盾，即我们所有的心理防御机制会彼此连接，形成一张巨网，将你与最真实的自己隔离开。

回到我们一开始讨论的问题：你试图不去为那些你无法改变的事情而纠结，同时你又感受到了一种不安全感。这时你的注意力就转向了如何消除不安全感上，你想要顺其自然，顺其自然之后又会引发新的问题。

比如，顺其自然之后自己的主观能动性被削弱了，到那时“缺乏主观能动性”又会成为你新的问题。

这些新的问题只会一层一层不断叠加，不断引发更多问题。

所以我们从一开始就要意识到：抓次要矛盾是没有意义的，也是无法“治根”的。“治根”就要抓主要矛盾，而主要矛盾就是“你还没有接受那件不可改变的事情”。

怎样才能做到接受那些无法改变的事情呢？

首先需要的是时间。也就是说，你要给自己一些时间接受这件事情，慢慢地你就想通了。既不是强迫自己接受，也不是通过转移注意力来规避痛苦，更不是通过幻想来暂时消除焦虑。

3

还是以“高考没考好”为例，你如果幻想有奇迹发生，这就是在规避焦虑；这件事明明让你很焦虑，让你感到不舒服，于是选择连续玩一个星期的游戏，这就是在规避痛苦；你听到我说应该学会接受，于是你就不停地暗示自己“我要接受，我要接受”，这就是在强迫自己。

一定要记住，“时间”这个首要因素。

你在刚开始的一段时间里感受到的焦虑是真实的，且这种感受非常重要。如果你通过转移注意力来试图规避焦虑带来的痛苦，这些规避手段就会引发其他情绪，而新的情绪会将你最真实的焦虑掩盖。

只有当你不再转移注意力，真实情绪才能够被渐渐消解，因为它是第一层本生的情绪。而由试图停止纠结所引发的不安全感，是你的次级衍生情绪。

本生情绪是大树，衍生情绪是枝叶，你不去砍树，却只顾着不停地修剪枝丫，根本问题不解决，负面情绪就会一直存在。

4

总的来说，我们对待情绪问题首先要抓住根本，要去分析某种情绪产生的根源，找到主要矛盾。而不是任由自己陷入不停发展的心理防御中去，更不要试图逃避问题的根本。

找到主要矛盾后，要给自己时间慢慢接受和消化。我们拥有正常的智力水平，能够分辨什么是真实的、什么是虚假的。

你给自己一些时间来面对这个问题，事实自然会不断证明给你看：很多事情的确无法改变。

你只有先彻底接受事实，才能更好地去思考如何摆脱自己的困境。当你对事实接受得越多，你的幻想就会逐渐消失。

当然，更重要的是，当你有了“接受事实”的经验，你就会逐渐学会如何正确处理自己的情绪，这些经验也将成为你应对人生种种困境的心理基石。

从“我应该”到“我只是”

1

有位心理学家曾经这样说过：“对于普通人来说，一生最重要的功课就是学会接受自己。”

是的，普通人才需要学习接受自己，优秀的人大概率是不需要的。

因为如果一个人具有过人的天赋或资源（智商、权力、财富、美貌、自控力等），这些东西能够给他带来足够多的成就感、优越感，而这些感受最终都会转化为他的“自我认同”。

因此，优秀的人通常不需要“学会”接受自己，因为他们在社会价值评判体系中处于优势地位，他们能够轻而易举地做到普通人做不到的事情。

这种优势地位本身就能够让他们接受自己、对自己感到满意。

有社会价值评判体系，就意味着一定有高位、有低位，并且高位是少数，低位也是少数。

假设某个城市人均月薪为5万元，那么月薪5万元并不能成为普通人认同自己、自我骄傲的资本，因为这变成了常态，这时月薪超过5万元的人才能获得优越感。

因此，人的优越感和自我认同感常常来自处于某一评判系统中的相对高位，而和其自身实际水平关系不大。

2

事实上，也并非所有普通人都会认识到学会如何接受自己是一生最重要的功课。

因为“无法接受自己”本身就是一种心理创伤，它是个人成长历程中持续遭受否定与伤害的结果。大部分没有这种心理创伤的普通人对“接受自己”这件事是无感的。

如果你具有正常的人际关系，你会发现周围大部分“普通人”关心的都是柴米油盐。他们并不会关注自己的心理状态如何，以及“内在的自我成长”之类的话题，也没有“接受自己”这种概念。

因此他们不需要、也没兴趣去学习如何接受自己，因为这是一个对他们来说非常遥远、没有意义的话题。

3

在了解以上前提之后，我们就会明白：一个人认为自己需要“接受自己”本身就是一个需要我们去探究的问题。

为什么你会需要或想要“学会”接受自己呢?

必然是因为你身上有许多让自己无法接受的部分——那些你认为是“坏”的、不应该存在的部分。

为什么你会认为这些部分是“坏”的呢？因为你接受了一套评判体系，并对其无比认同。

比如，身边的人总是这样攻击你：“看你长得这么丑，长大了肯定没人要！”

一旦你认同这个评价而自我攻击，不能接受自己，必然是因为你接受并认同了“美与丑”这一评判体系。

你不知不觉将自己置于这一评判体系中，认为自己处于劣势地位。

也许有人会说，美和丑是客观事实，如果你的确长得丑，那这就是事实，并不会因为你不接受这套评判体系就不存在了。

“不接受评判体系”不等于否定评判体系的存在，不等于否定客观的事实，而是意味着你“不使用自己在某一评判体系中的位置来衡量自身的价值”。就像你可能不会因为自己是“悠悠球技术”中的低位者而感到自卑，感到不能接受自己——因为你对悠悠球技术并不关心。

只有当你认同某种评判体系，并相信在这种评判体系中，你的地位可以决定你的价值时，你才会因为处于这种评判体系中的低位而感到无法接受自己。

4

我们在成长的过程中，总是不知不觉地被外界施加了很多“必须要”“应该要”达到或成为的目标。

你觉得自己应该获得别人的赞美和认可，你觉得自己必须年薪百万才算成功，你觉得必须拥有一套自己的房子……这些强加给你的“人生必需品”将你置入一个又一个社会价值评判体系中，让你彷徨而焦虑地追逐着诸多你原本并不需要的目标，让你深陷并不具备优势的领域里，逐渐变得怀疑自己。

当你持续用“我应该怎样”的视角去审视自己时，你就会看到自己无数的“缺点”，你就会忽略现实。

你没有确定这个所谓的“应该”是不是自己真正想要的或需要的，也没有确定这个“应该”是不是自己能力范围内能够达成的。你只是非常盲目地看到了一个目标，就想当然地认为自己要去达成。

5

普通人需要学会转变视角，即从“我应该怎样”转变为“我现在‘是’怎样的”。你要学会根据自身的实际情况而非你的欲望——去设定目标。

人的一生没有任何事情是“必须”的，也没有任何事情是“应该”的。

你需要摆脱自己头脑中固有的这些束缚，摆脱你所认为的“理所当然”，令自己保持在“一无所有”的状态中。在这种状态中，你没有幻想，没有强加于你的评判体系，没有怀疑和失控感。不是“应不应该”逼迫着你前进，而是“愿不愿意”推动着你前行。

6

如果你想接受自己，就无条件地、完整地接受自己。

“无条件地接受自己”，就是需要你放弃一切让自己觉得需要“达成”才能接受自己的条件。更深层的含义是：放松而自在地成为你自己。

如果能够做到这一点，你就会真正获得对生活的“掌控感”。

Part 3

打造自我边界

改变讨好的第一步

1

原生家庭会影响我们潜意识中对于自己的“定位”，让我们产生“主角位”或“配角位”两种不同的自我认知。

一个从小被父母重视的孩子，会感觉到自己是生活的中心，是家庭中的主角。

在这样一种自我定位下，他的思维模式能够以自己的利益和感受作为出发点。所以他能尊重自己、重视自己，懂得自我实现。他的内在也会是非常有力量的，因为他的人生可以形成一个正向的循环：

为了自己而努力—获得回报—自我认可—自我激励—建立更远大的目标。

但如果是一个从小没被重视过、没被当成“主角”对待过的人，他就无法形成健康的自我意识。

在他心中，会不自觉地将别人放到中心位置上，这个“别人”可能是他的父母，也可能是任何一个他遇到的人。

2

“讨好型人格”的心理基础是：你已经将自己定位在了“配角”的位置上，所以你遇到的任何人，都会被你当成“主角”去对待。

由此导致的直接后果，就是内心以及生活的“混乱”。这是必然的。就像你建造一栋房子，如果想要这栋房子稳固，最基本的要求就是这栋房子有一个牢固的地基。

而“以自我为中心”，就是你整个心理结构最牢固的地基。倘若你没有地基，那么任何的原则、价值观、生活计划都无法建立。

因此，你今天要为这个人服务，明天又要为另一个人服务，后天还要想着怎么照顾朋友的想法。

你是一个天生的“服务员”，照顾别人的感受和为别人分忧，仿佛成了你的义务。

由于你不断将注意力向外部投注、不断为别人创造价值，因而你的内在始终毫无成长。你无法形成心理上自给自足、持续发展的良性循环，总是依赖别人。

3

当下很多年轻人感到生活越来越疲惫，第一是因为生活压力确实很大，第二个更深层的原因在于：你知道你的一切努力大部分并不是真的为了你自己，而是为了向别人证明自己。

对于个体的幸福而言，一个没有形成“以自我为中心”的人其实是非常可悲的，因为他的一生是为了别人而度过的。

对于同一件事，人与人的主观感受差别非常大。也正因如此，一个没有被当成“主角”对待过、没有以自己的利益为中心去生活过的人，他会非常难以想象自己该如何才能改变。摆在他面前的第一道障碍，是一个根深蒂固的“限制性信念”：我要为别人的感受负责。

一个在“配角位”成长起来的孩子，总要承担很多责任。尤其在父母关系恶化的情况下，处于冲突中的父母便会不自觉地将“修复关系”的责任，转移一部分到孩子身上。

此外，如果这个孩子的父母又擅长“情感绑架”的话，那么就会把这个孩子的自我摧残得更加不完整。

“情感绑架”对于一个孩子心理的影响巨大且根深蒂固，甚至会让他们的心理扭曲。

比如父母对孩子说：

“你不要不听话，因为你不听话，妈妈这几天气得吃不下饭，都要生病了。”

“你要好好学习，一定要争气，不然爸爸在别人面前抬不起头。”

这样做的结果，就是这个孩子会对别人的感受变得很敏感，他会认为：“别人的坏情绪都是我导致的，这是我的错，我必须做些事情让他感觉好起来。”

4

然而，多数在“配角位”成长起来的孩子，根本意识不到上面阐述的这个逻辑是错的，甚至他们会觉得这是很合理的：

“我父母对我很好啊，他们只是脾气差一点而已。”

“他们生我养我，从小给我吃、给我穿，我应该报答他们。”

这种逻辑最根本的错误在于，它将“情感”变成了一种无法拒绝的“债务关系”——如果别人给了你什么，那这就是你必须偿还的。

然而，这个逻辑中缺失了最关键的一环，也是所有处于“配角位”的人共同缺失的，即“人的主动选择”。

一个人对你好，为你付出，那是他自己的选择，而不是你要求的，本质上你并没有“偿还”的义务。

就像你追求喜欢的人，可能费尽百般心思对对方好，为对方花钱、花时间，最终却遭到了拒绝。你于是因爱生恨，认为自己为对方付出了这么多，对方却不接受自己，太无情了。但问题在于，对方本来就没有谁对自己好就要和谁成为恋人的义务，你所花费的时间和金钱都是你自己主动选择的，并非对方主动要求的，所以对方没有亏欠你。

5

即便我解释得如此用力，但我想长期处于“配角位”的读者仍旧无法完全理解。正如我前面所言，由于在“配角位”成长起来的人不具备自我中心，他们长期都在为别人负责。他们习惯的是“我为你负责、你也为我负责”这样一种交际模式。

他们的认知中极度缺乏“为自己负责”这一概念，因为在他们心中，自己是一种微弱的、无力的存在，是一种非常容易被外界压迫、控制、击败的存在。

他们觉得自己没有能力照顾好自己，所以只得依附于外界，通过讨好外界、讨好别人来获得照顾、保护与安全。

他们自己没有拒绝过外界，没有体会过自由意志的力量。如果他们被一个人疯狂追求，他们就会感到压力，感觉接受了对方的恩惠不得不回报，因而很可能就委屈自己和这个本无兴趣的人在一起。

因此，根本的问题在于，你不知道自己其实可以拒绝。“不拒绝”和“没有自我”，此二者互为因果。

因为你不拒绝外界的诸多要求，所以你总要为很多你并不想做的事情疲于奔命；由于你一直在被自己不想做的事情消耗，所以你就没有时间和足够的注意力投注在自己身上，去发展自我，也就没有明确的喜好。

作为长期为别人服务的工具，你会被训练出极大的耐受性：讨厌的事情在不断地重复中变得可以忍受，喜欢的事情因为很少接触而变得模糊不清。

由于你没有清晰的自我和喜好，所以你不知道一件事情是不是你讨厌的，或是不愿接受的，往往都是基于习惯地全部接受了。

6

如果一个没有自我的人想要改变自己，就得先将生活中80%的外界压力所迫使他要做的事情全部停止，其次在每一天的生活中，不管对于任何事情、任何人，要学会拒绝。

当你学会拒绝时，你的自我意识才能被贯彻。

你不再允许自己被外界和他人的压力逼迫着前行，因此获得了放松的时间和空间，最终得以在这样的时间和空间里感受到自我，感受到你才是你自己生命中的主角。

软弱和善良从来都不是一回事

1

语言的边界，就是思维的边界。

那些我们无法用语言清晰描述和定义的事物，在我们的思维之中注定也是模糊不清的、很难被意识直接处理的。

一个人成长的过程，就是不断地给各类基本的事物和行为赋予更多个人化的意义的过程。为了便于论述，我们将这一过程命名为“概念融合”。

概念融合令我们能够更方便地理解事物，同时也使我们变得更加僵化。

一个出生在贫困家庭的孩子，在他的成长过程中或许会不断地听到父母说“有钱人都为富不仁”“人越有钱就越会丧失良心”“有钱人都是坏的”之类的话，那么这类言论会潜移默化地留在孩子心中，令他将“金钱”与“邪恶”“坏”等不好的概念联系起来。

当这个孩子长大之后，虽然他作为一个正常人还是会非常渴望变得富有，但是他认知中与金钱相关联的那些负面的概念和意象，却会让他内心感到矛盾。

像这种我们能够觉察，并可以用语言描述的“概念融合”还不算可怕，真正可怕的是那些更为复杂的、无法用语言描述的“概念融合”。

人的大脑喜欢对一切事物进行简化、归纳，如果我们没有合适的词语来描述某一行为或事物，那么我们的大脑就会抗拒思考。

我们在潜意识中对“自我”的定位，就是一种较为模糊的概念。同时我们的“自我”又非常容易受到多方面的影响——每个人的“自我”都是诸多复杂概念的融合。

2

虽然我们的主观世界对自己的期许，和内在的人际模式并不能够完全决定我们的生活，但其作用毫无疑问是非常巨大的。很多时候，我们主观的内在模式，能够抵消很多外在因素的影响。

就像你直接将一个内心软弱的人安排在将军的位置上，将军这个外在的身份，以及别人对他这一身份的畏惧，并不能令他从一个软弱的人变成一个内心坚强的人。最终的结果，很可能是周围的人发现了他的软弱之后，很快就会对他失去尊敬，他也因此无法在将军的位置上发号施令。

很多时候，我们对一个人的态度，源自这个人带给我们的“整体”的感觉，而这种感觉常常是一种非常模糊的东西。

比如，有的老板在员工面前说一不二，因此员工对他心生畏惧；而有的老板则完全指挥不动他的员工。

为什么有这么大的差别呢？根源就在于我们前面提到的“概念融合”。

一个强势的老板并不只是令员工感到其强势，与强势这一概念融合的还有很多模糊的东西：恐惧、对父母的记忆、小时候不听话就被批评的经历、初中时老师管教严厉，等等。所有这些感受、记忆、事件等融合在一起，令员工对老板产生畏惧心理。

而一个弱势的老板同样并不只是令员工感到其弱势，与弱势融合的还有：高中时是班里总被欺负的那个同学、被人说没能力，等等。因此员工很难对其真正服从。

你也许遇到过这样一种情况：一个公司里有两个拥有同样权限的管理者，但他们对员工的控制力度却有着巨大的差异。实际上，这种差异就源自他们的个人风格所唤起的员工的诸多感受和印象的区别。

3

任何团体在建立了一段时间之后，一定会令每个人都自发地去扮演某一角色，每个人一定都会有一个属于他的团体角色——领导者、照顾者、协调者、执行者、智者，等等。

当团体遇到重大的事件需要决策时，人们会把目光投注在领导者身上；当人们有了疑惑不知如何处理时，自然而然地会去寻找团队中的那个智者。

“团体角色”这一概念类似荣格所说的“原型”，“原型”是我们集体潜意识的组成部分。

在我看来，“团体角色”的存在是必然的，但凡一个团体形成了，这一团体就会强制性地框定人们的角色设定，这是“团体”本身的属性所决定的。

一个团体一旦形成——不管是长期还是短期的团体，一定会形成领导者和执行者这两个阶级，因为不可能一个团体里所有人都是领导者，也不可能所有人都是执行者。由于这一具体角色的个人能力不同，团体的发展也有所不同。如果领导者能力卓越，他就能够很好地发挥带团队的作用；如果领导者能力不足，他就会把团队带领到糟糕的境地。

在所有这些团体角色中，“软弱”这一性格因素，是最不受欢迎的。而且这和个人的能力没有关系，哪怕你能力再强，只要你性格软弱，那么马上就会丧失别人对你的尊重和角色认同。

这一点在所有的人际关系中也都是相通的。

一个人接受到来自外界攻击的多寡，取决于这个人本身性格的坚韧程度，并不是你性格越坚韧就越能够忍受来自外界的攻击，而是你的性格越坚韧，别人就越是不敢去攻击你。

“软弱”是一种没有任何正面意义的性格特质。

当我写下这句话时，我意识到它可能会令很多人感到不舒服，因为那些觉得自己软弱的人，会认为这句话是对他们的攻击，让他们感到被否定。

你可以回想一下自己过往的经历，在你的人生中，你有因为“软弱”而得到过任何好处吗？答案毫无疑问：没有。

4

因为自身的软弱而自我攻击，本身也是“软弱”的一种表现。

很多人对“软弱”进行了各种正面的、美好的“概念融合”，把软弱和善良、忍让、宽容、大度、懂事等概念联系在一起。

选择专业时，你违背自己内心的真实意愿，听从了父母的建议，为了“懂事”，你拿自己一生的前途为代价去取悦父母——这就是以懂事为名的软弱。

电影《教父》中有这样一句话：花一秒钟就看透事物本质的人，和花一辈子都看不清事物本质的人，注定是截然不同的命运。

什么是事物的本质?

善良、懂事、宽容、忍让等概念，都不等于软弱。这就是事物的本质。

5

我相信，将“善良”和“软弱”这两个概念叠加在一起的人绝不是少数。

曾经的我也是如此。我的母亲常常教育我做人要“善良”，乐于助人，所以过去我非常容易不自觉地想要主动去帮助别人。

现在我明白了，我之所以会那样做，是因为我渴望获得别人的感激、赞赏和认可。

事实上，很多时候那些获得了我帮助的人，并没有对我表达过感激和认可。

这样的经历也让我在后来彻底地意识到：原来性格的软弱本质上是一种“幼稚病”，是因为心理幼稚，所以才会有那样的认知。

我想告诉所有读者，尤其是那些和过去的我一样心智不成熟的人：软弱不是善良，软弱就是软弱，软弱就是最大的问题。

6

最后，我想重申一遍：“软弱”是一种没有任何正面意义的性格特质，它对你的生活没有一丝一毫的好处和帮助。

深刻地认识到这一点后，你要试着学会剥离个人经验造就的那些“概念融合”，去看到事物的本质。

成为一个自尊自爱、敢于维护自身利益的人，不等于你就成了一个坏人。

过去你一直有一种幻想，认为通过忍让可以和别人达成某种交易，从而实现你的目的，或是规避风险。

现在，你要认清这只是你一厢情愿的幻想，因为这世上从来都没有人能依靠忍让和软弱换得别人同等的尊重。

敢于“斗争”，才能赢得尊重

1

我在社群里收到一位读者的一条非常典型的提问，这个提问可以反映出很多家庭关系和人际关系中的根源性问题。

提问的内容是这样的：“我的姐夫要借我的电脑打游戏，借的时候说的话一点儿不客气。电脑是我的私人物品，我是不喜欢借给别人的，不管是谁。请问电脑不借给亲戚有错吗？”

这位读者的姐姐对他说：“我和你姐夫为你付出那么

多，对你那么好，电脑都不借，你这是把我当外人看，看来我们不是一家人。”

姐姐还指责他自私、小气，不应该和亲戚讲道理。他一直强调自己只是单纯不想借电脑给别人，不要和别的事混淆。但后来他意识到再说下去只会激化矛盾，于是他选择了认错，只能把电脑借给姐夫。

2

我们都知道“代沟”这个词，代沟形成的根本原因在于，每个人的价值观几乎都是由他在25岁前的社会环境所塑造的。

由于近几十年的社会环境迭代速度非常快，导致不同时代出生的人早年所经历的社会环境，以及在那样的社会环境中所形成的价值观都有着极大的差别。

所以，看到那条提问时，我下意识的答案是：你当然没错，电脑是你的私人物品，你不想借完全是合理的。但我立刻就意识到，这是因为我是年轻人，我的价值观就是觉得应该尊重个人权利。如果是我父母那代人，他们大多都会认为提问者是过错方，并且在他们的价值体系中，的确有无数的理由来支持这种认识。

很早之前我就强调：对错是一种“价值的评判”，重要的是确立评判的标准，以及用何种价值来评判。

如果价值观是统一的，那么双方基本都能在对错评判的问题上达成一致。如果我们这代人经历的社会环境和父辈们经历的早年环境是一样的，那么我们基本也会秉持和父母一样的价值观，认为上述案例中的过错方是那位提问者——他应该将电脑借给自己的亲戚。

所以看问题要抓住本质，评判“对错”很多时候其实没有意义，很多问题表面上争的是对错，但本质上是两种根本无法兼容的价值观之间的碰撞。

事实上，无论是一个家庭还是一个组织，其内部环境是否和谐与群体成员的价值观是否一致有着根本性的关联。每个人的价值观对其自身而言都是一个“闭环”，甚至可以说，价值观在某种程度上就是一个人主观上所认同的“自我”本身。因此，想要改变一个人的价值观是非常困难的。

3

我们每个人从小就接受这样的教育：要相信存在一个“公平世界”，在这个公平的世界里，对错分明，错误的一方理应主动做出改变。

这种幻想如此天真，却实实在在存在于很多人的潜意识中。

我们必须认清的是：现实世界是不公平的，也没有公认的某种标准能够在所有的事情上都分出对错。

很多时候，对与错本身并不重要。证明了你是对的，别人也不一定会按你所说的去做，因为别人可能根本不在乎你对不对；证明了别人是错的，你也不一定能让对方承认。

就像前文案例中那位提问的读者，哪怕拥有绝顶的辩才，能把全家人说得哑口无言，也不会有人向他认错，最终的结果只会是，他说得越精彩，别人越生气。

4

那么，既然对错不重要，我们又该如何理解生活中的诸多问题呢？其实很简单，我们要用“系统”的视角来看待事物。

因为不借电脑给亲戚使用而被全家人反对，这是整个家庭系统的结构所导致的。整个家庭系统中，除你之外的其他人都保持着相似的价值观，你试图靠自己一个人去和整个家庭系统的价值观相抗衡，这显然是不明智的。

在一个家庭系统中，决定谁掌握更多话语权的，往往不是谁能把对错讲得更清楚，而是谁拥有这个家庭的“最高权力”。因此，你想改造自己的家庭系统，便是一件近乎不可能完成的工作。

不想将电脑借给亲戚，并且在你明确表达拒绝之后，对方依旧对你做出评价和持续性的说服行为，这说明什么？说明对方没有把你当成一个有自身边界的成年人去对待。

尽管改造一个家庭系统几乎是不可能完成的任务——况且你也没必要进行这样的尝试，但通过“斗争”来获得被人尊重的地位，却大有必要。

5

前文案例中的提问者为什么最后还是服软，把电脑借给了自己的亲戚呢？那是因为他知道，如果自己不借，就会持续承受来自家庭成员施加给他的压力。

反过来，亲戚们之所以在提问者拒绝之后，仍然不断地提出要求，是因为他们知道，这样做不会给他们带来损失。

“斗争”的意义其实很简单，就是让对方知道：如果你拒绝了他们的不合理要求后他们仍然纠缠不休，那么他们就要承担后果。

你要明确告诉对方：“电脑是我的私人物品，谁都不借。”

先给出坚定、明确的表态，再和对方解释：“我已经是一个成年人了，我的电脑里有很多隐私，所以实在不方便外借。”

你要先表达清楚自己的原则，让他们打消“可以说服你”的念头，让他们做好平等对话的准备。

总之，不要试图和对方争辩，只需果断拒绝。

6

我鼓励斗争，鼓励冲突，鼓励通过行动——而不是无意义的争论——来终止别人对你的侵犯。

只有通过斗争，你才能让对方明确地意识到：如果侵犯你，他会付出代价。

而这就是建立自身边界的关键所在。

关系中控制的本质

1

我在读高中的时候，通常每两周回一次家。那时候我每次回家，总会因各种各样的事被我妈抱怨。

比如，她总嫌我早上起得晚，于是早上六点半就开始敲门叫我起床：“赶紧起来吃饭！怎么还在睡？”

我回应道：“知道了，一会儿就起。”

过了十五分钟左右，我妈再次敲门：“起来了吗？你看你懒的！饭都给你盛好了！”

我问："几点了？"

我妈说："快九点了，赶紧起，一会儿咱还得去××家。"

我说："好，我这就起。"

又过了十来分钟，我妈开始砸门："怎么还没起？饭都快凉透了！"

我只好艰难地从床上爬起来，一看表，刚七点。再一看我妈，她仿佛完全忘记了自己刚刚说过的话，伸手一指："快洗脸去！牙膏给你挤好了，我现在去做饭。"

类似上述事件在我家不胜枚举，总之，我好像做任何事情我妈都看不顺眼。

在家待得时间一长，我妈就说："你看你一天到晚就知道看电视，出去玩多好！"

出去玩得时间久了，回来也被骂："这都几点了，天都黑了！也不知道看看时间！明天我把你锁家里！"

2

我相信我的经历很多人应该能感同身受。

很多父母喜欢“控制”孩子：大到升学、择业、结婚，小到穿衣、吃饭、睡觉。他们总想着为孩子处理好所有事情。

对于孩子的问题，他们会比孩子自己更担心：孩子和女友吵架了，孩子面试没信心，孩子刚工作有压力……所有这些，都让他们陷入焦虑。而他们给孩子建议的方式，又极具攻击性：抱怨、指责、否定、恐吓等。

同时，他们在孩子“不听话”的时候，往往会觉得十分委屈：“我为你付出了这么多，我时时刻刻把你放在心上，你怎么就不知道感恩呢？”

3

现在我和我妻子早晨的日常是这样的：

七点半左右我自然醒，然后起床煮粥、洗漱，八点左右我会叫妻子起床。接着我开始打扫卫生，其间不断提醒她起床，并不断报时。

通常情况，我得提醒她三五次，她才会慢慢悠悠地坐起来，坐起来后并不急着穿衣服，而是目光呆滞、表情冷漠地先思考一两分钟人生。然后慢慢悠悠地穿衣服、洗漱，磨磨蹭蹭。全程不会表现出一丝的慌忙。

我把粥盛好，语气严厉地催促她快点——此时往往已是八点四十，而我们最迟得在八点五十出门。

而妻子就像根本没听见我的催促，也根本不在意迟到似的，开始慢慢悠悠地化妆，一边照着镜子，一边哼着小曲儿。等化妆完毕，接着坐下来喝粥。

我因为担心迟到，此时变得非常焦躁，匆忙将她的手机、充电器、耳机等物件塞进她包里。然后我一手拿着她的包，一手拎着垃圾，站在门口继续催她：

“你快点！四十八了！”

“赶紧的，已经四十九了！”

“快快快！五十了！”

妻子不慌不忙地放下粥：“老公，你急啥！”然后站起身来慢慢地换上鞋，又对着镜子悠悠地涂上口红，美美地朝我一笑：“走吧，老公！”

总之，我现在和我妻子的相处模式，和之前我妈和我的相处模式简直一模一样。只不过之前我扮演的是“懒惰的子女”，现在则是“严厉的家长”。

4

被父母过度控制下长大的孩子，在成年后很容易在亲密关系中不自觉地想要过度控制自己的伴侣。

父母之所以过度控制自己的孩子，第一个原因在于其对“失控”的强烈恐惧。

很多父母自身就特别容易焦虑，对生存环境没有充分的安全感，所以他们在潜意识里总会追求一种生活的“秩序”。“对孩子过度控制”便是他们营造生活秩序感的一种方式。

事实上，父母对子女大多数的控制行为，可能并不是真的基于对子女的担心，而只是为了平息他们自身的焦虑。他们容易焦虑的原因可能是多种多样的，也许因为他们自己就是在控制型家庭环境中长大的，也许是他们自身的自恋受损，也许是潜意识的冲突，等等。

但无论如何，作为父母必须清楚：自己对于“失控”的恐惧也好，自身的焦虑也罢，这都是自己要去处理的问题，而不能把子女视作平息自己焦虑、满足自己做“好父母”的幻想的工具。

5

在这里我不得不提到很多父母惯用的一个借口：“我的孩子贪玩、不自律、不懂事，如果我不好好管着他的话，他就会走上歪路。”

我既然用的是“借口”这个词，那就意味着这个理由事实上是不成立的。

我们必须相信的一个基本假设是：如果我们不对孩子有太多的、过分的干预，那么孩子就一定会向着能够被主流社会所认可的方向发展，而且孩子的心理健康水平会非常高。

实际上，一个孩子走上歪路的原因，可能80%要归结于父母的过度控制。

也就是说，我们越试图去管教孩子，就越会给孩子制造更多的麻烦和混乱。

为了和父母对抗，为了在父母的过度干涉下不至于让自己的心理太受挫，孩子就可能会发展出很多扭曲的信念。

而这些扭曲的信念可能令孩子变得偏激，由此更容易走上歪路。

6

在某种程度上讲，正是由于父母对孩子过度的控制，才“维持”了孩子的“不改变”。

比如，我妻子之所以每天早上都磨蹭到让我抓狂，最根本的原因就在于：她该着急的事情我都“替”她着急了；她该准备的事情我都“替”她准备了。

于是在她的认知里，她根本无须操心太多事。

同样，在很多孩子的认知里，父母比他们自己更在乎他们的问题，所以那些问题理所当然地应该由父母操心，而自己根本不必在意。

在孩子的成长过程中，父母能够给予其充分的爱与抱持当然是非常重要的，但比起要为孩子做什么，先搞清楚哪些事是不应该、不可以为孩子做的，对父母来说可能更为重要。

7

父母之所以过度控制自己的孩子，还有一个原因——“完美主义”。

我首先要阐明的一点是，心理层面上的“完美主义”，我更倾向于把它解释为“因为一个人在某些方面的超我过于强大，所以会在这些方面对自己有着过于严苛的要求”。

“完美主义”并不是说这个人就一定有洁癖，做事精益求精，或者非常上进，等等，而是说他可能只是在某些特定的方面过度地追求完美。

可以说，几乎所有人都在不同层面上有着一定的完美主义倾向。

很多有完美主义倾向的父母对孩子的控制，常常表现在他们会把自己无法接受的那些“不完美”投射给孩子。

也就是说，他们因为无法接纳自己身上一些不好的地方，于是就会把这些不好的特质都投射给孩子，并通过指责、攻击孩子的方式，来避免自己体验到“我是不完美的”糟糕感受。

举个例子，有位母亲无法接受自己做事情总是出错，所以她在潜意识里就会对孩子所犯的错误十分敏感。一旦抓住孩子犯的错，她就会对孩子展开各种指责和攻击。而她所做的这一切，只会导致一个结果：孩子会变得和她一样对自己的错误十分敏感。

来自母亲的指责和攻击，会让孩子产生很多担忧和焦虑，更让其对自身的错误产生一种“非正常”的应对心态，于是，孩子只会犯越来越多的错误，并会在母亲不断的指责和攻击下，产生“我总是会出错”的消极信念，甚至将这一信念渗透到人格深处。

因此，很多父母看似在不断地试图让孩子“变得更好”，但实际上，他们所做的一切都是在不断地给孩子内心强化一个隐含的信念——“你不够好”。

8

在亲子关系、亲密关系中，控制欲更强的一方往往都会感觉到一种“委屈”——“我为你付出了这么多，我这么关心你，而你竟然视而不见！”

在我看来，一个人在任何一段关系中的“委屈”都是自找的。在任何时候，如果没有明确受惠者需要付出回报，那么即便我们为别人做任何事情，我们都没有资格和理由去要求对方给予我们对等的回报。

我们为别人做的一切，只能由我们自己全然负责。

有人可能会问："别人对你好，你也对别人好，这难道不是人之常情吗？"

我的答案是：这不是人之常情，而是一种"强买强卖"的强盗逻辑。

9

最后还有一个问题，我们一定绕不过去："如果孩子或伴侣在做的事情对他（她）本人确实有很大的负面影响，而他（她）本人又不愿意做出改变，难道此时我们也不应该控制他（她）吗？"

其实我通篇都是在试图纠正一个人过度的控制行为，但这并不意味着我们连正常的控制都要一并否定。如果是对他人或自身造成严重伤害的事情，那毫无疑问是必须控制的，而且不管使用多么激烈的手段都要进行干预。

除此之外的一切对他人的“控制”行为，原则上我还是坚决反对的。

因为我们觉得不好的事情可能对对方来说根本无所谓，或者还没有达到对方的“临界值”。

能让一个人记忆深刻的东西，往往需要他亲身体验。当我们控制、劝阻我们的孩子或伴侣不要做某些事时，实际上等同于我们在削弱这件事所能带给他们的正面的影响。

说得更直白一点，我们在“控制”一个人的时候，就是在限制他的成长。

事实上，也有很多人可能就是在刻意地使用各种手段，来限制孩子或伴侣的成长。比如，某些有着人格缺陷的人，他们很难克服“孩子（伴侣）变强了就可能会抛弃我”的焦虑，所以选择不断地否定、打击孩子（伴侣），从而令他们无法获得自由成长的机会。

10

英国精神分析学家温尼科特曾提出过一个“母婴间隙”的概念，指的是在母亲和孩子的关系中，需要存在一段距离，从而保证孩子有一定的自主空间。

这样一个“间隙”的存在，能够保证孩子可以成长为较为独立的个体，拥有健康的人格。

其实在任何关系中都应该存在这样一种“间隙”，甚至如果我们和某个人过于亲近，我们也应该主动地去制造这样的“间隙”——如果没有“间隙”存在，我们就很容易将别人“吞噬”，或是反过来被别人“吞噬”。

拒绝与边界意识

1

在生活中，每个人都会遇到来自不同人施加的压力，也许是你的母亲催你结婚，也许是你的上级分配给你难以胜任的工作，也许是你的恋人逼你买房买车……人们在遇到这类压力时会不自觉地思考：我该如何拒绝这些要求呢？

其实，当你思考如何拒绝别人时，你已经输了。

当你思考如何拒绝时，这意味着你已经同意了对方侵入你的边界，给予对方控制你的行动的“权力”。这样你就陷入了被动。

举个夸张的例子。

你在大街上遇到一个卖艺的人，他对你说："给我五百块钱。"

你回答："对不起，我没有那么多钱，我给你五块行吗？"

卖艺的人大发雷霆："你是不是看不起我！就给五块钱，打发叫花子吗？不行！你最少得给我三百，不能再少了！"

你很为难："但我身上只有一百块钱，给你一半，行不行？"

对方仍然不满意，并且不停地抱怨。

2

这个例子反映的是"人际压力"形成的根本模式：由于大多数人不具备边界意识，因此在其默认的人际规则中，便认可了别人侵入自身边界的权力。

在这种集体性边界模糊的状态下，群体又会对那些特立独行、忽视这种权力的少数人加以排斥和打压，从而继续维持这种“施压即可控制别人”的人际规则。

在人际交往中，如果你时常可以通过向别人施压而获得好处，那么你可能就会不断“发扬”并修炼这种能力，你可以越来越熟练地使用道德绑架、混淆概念、歪曲逻辑等技巧来控制别人。

但如果你在人际关系中是时常处于被施压、被控制的一方，那么你就要警惕，并学会从一开始就不要去承认别人有控制你的权力。

3

认可别人拥有控制你的权力，是你自身边界意识不清晰的表现。

别人之所以能够控制我们，是因为他们的行为能够影响我们。

一个和你毫不相干的卖艺者向你要钱，这个要求带给你的是道德层面的压力。当你违背内心的“道德标准”时，你的生物本能就会激起你的内疚感——“这个卖艺者如此可怜，我如果不帮助他，就太说不过去了。”

而一个要求你加班还不给加班费的老板，能够给你施压的原因，则在于他可以影响你的实际利益：对老板不满可能会导致你被开除，从而失去一份工作。

但不管是道德压力还是利益得失，此二者只是我们感受到人际压力的直接原因，并非根本原因。

而根本原因在于，我们对压力识别的“模糊性”。

4

我们的大脑其实有时并不能准确地按照事实逻辑进行思

考，而几乎总是会在“情绪”这一因素的影响下产生诸多的逻辑错误，包括对后果的夸大，以及对事实的扭曲。

在卖艺者要钱的例子中，你会立刻被自己的“良心”和“道德”控制，从而认为自己应该帮助对方，其实你并没有这样的义务；你连续加班两个月没有加班费，之所以会接受这样的工作安排，也许是因为你夸大了这份工作的重要性，或是因为你对“找到一份更好的工作”的想法过于悲观，又或是你本就习惯了逆来顺受。

如果你能冷静思考压力的来源，你会发现你所认为的压力并没有你想象的那么大。

对压力识别的“模糊性”，源自我们在生活中遇到问题时，很少有人能做到冷静地直面问题，探究问题的本质。

当你开始意识到很多问题并不会给你造成多么大的损失时，所有虚幻的压力都无法真正困扰你。

Part 4

构建稳固内在

超我和本我的二元平衡

1

“自由意志”很多时候只是一种错觉，让我们轻易高估自身的能力，而忽略了整个时代和环境对个人的作用。

2016年我去了杭州，那时互联网行业无比繁荣，每个人都觉得自己能在接下来的几年里迅速获得职业上的发展，相信遍地都是机会。

在这样的社会环境中，知识付费行业勃然兴起，无数的大咖用精致化、专业化的文章鼓吹着“个人提升”，无数的年轻人热衷于“自我成长”。

在这样的风气下，人的“自由意志”的作用被无限夸大。因此，你不成功是因为你不努力，你没钱是因为你不够自律，你得不到异性的青睐是因为你不够优秀。

然而，行业的增速一旦放缓，甚至陷入存量博弈时，就会导致机会缩减、薪资骤降、竞争残酷。舆论的风向又突然趋向了消极，热门的话题一下变成了那些时代难题。

当人们享受不到大时代的红利，体会到自身的渺小和对抗生活的艰难时，才会明白所谓的“自由意志”是何等的无力。

2

“对自身的某些情况十分不满意，想要改变却又始终无法付诸行动。于是日复一日地重复着这种明知痛苦却又无法脱离的状态。”

这种情况在人群中非常常见，其根本原因在于很多人从未认清现实，总是不假思索地认为自己具备操控自身行动的能力。

可现实的情况却是，我们在生命中的大多时候，并不能控制自己的行动。有的人明知吸烟有害健康，但还是无法戒烟；有的人明知明天要早起上班，但到了凌晨仍在刷剧、打游戏……

这体现的是我们的思维与整体心理结构的“脱节”。就如同一个公司里，只有运营总监感受到了危机，他拼命想让公司迅速运转起来，但其他人并不听他的，而是继续混日子。

我们的理性思维就是这个比喻中的运营总监，虽然能认清现实，但是以一人之力却无法挽救整个公司。你的理性思维无法操控你的整个身体，也控制不了你的情绪，最终也就无法随意操控你的行为。

3

在积极心理学著作《象与骑象人》一书中，作者乔纳森·海特用“骑象人”来比喻我们的理性思维功能，用大象来比喻我们的情感、情绪、基因、生理惯性等那些不受我们直接操控的部分。

这种“意识很清楚，但做不出行动”的状态，呈现出的就是每个人几乎都会有的内在的分裂：心灵与肉体的分裂，理智与情感的分裂，左脑与右脑的分裂，控制化与自动化的分裂。

这种分裂形成的根本原因，在于我们的理性会不自觉地慢慢脱离情感。

理性与外界沟通，并逐渐浸泡于社会规则中，形成了理性自身的一套逻辑。这套逻辑往往与你自身的情感和潜意识有不兼容的地方。

最典型的就是现代社会对人的“物化”，人们开始追逐资本并按照资本的逻辑去看待和“使用”自身。

4

在这种情境下，人自身被改造成了一个为了达成“功利化”目的的工具，而功利化的结果最终造成了情绪的僵化。

心理学层面的一个事实是：一旦情感被量化，情感本身就会产生扭曲。人们会时常感到自己莫名其妙地产生了许多无法释放的情绪，这些情绪又无法被自己厘清，其原因就在于，情感在一开始就被扭曲了，因此它无法再被你纯粹地理解并接受。

你要记住，理智严重脱离情感的结果，就是你会发现自己产生了许多自己不能“理解”的情绪。

在心理咨询中的体现是，来访者会告诉你，他“知道”自己产生了某种情绪，或“知道”事实是怎样的，却始终无法理解它们的存在。

当我们的理智沉浸于物质化的标准之中时，“理性欲望”就会被指数级地放大，你很容易在与别人的对比中感到恐慌、焦虑，并下意识地认为，在这些物质化的评判标准中，通过所谓的“努力”使自己上升到更高的阶层就是焦虑情绪的解决之道。

其实这是一种错觉，你只会被焦虑驱使，走向更深的焦虑中，只有被平静和满足驱使的动机才能让你走向平静。

就像大象身上的那个骑象人，他无比着急地挥舞着鞭子并试图驱使大象赶紧爬到山上，但大象有它自己的方向，它不会因为骑象人很着急就听命于他。

5

“我总是被别人忽视，这让我感到很痛苦。我知道提升自己在社会标准中的水平就能解决我的痛苦，但我宁愿沉浸在痛苦中，也不愿付诸行动去提升自己。因为虽然我觉得痛苦，但是我习惯了，并且我能在这种痛苦中感到一丝轻松，或者告诉自己，只要不在乎别人的忽视，我的痛苦就会消失。”

很多人不明白的是，我们的情绪本身就是一种“功能”，情绪不是需要被我们解决的问题，也不是我们要针对的对象。虽然我们习惯使用正面、负面这样的二分法来对情绪加以区分，但事实上情绪本身非常复杂。

正如我们虽然会“感觉”到很“痛苦”，但痛苦的作用之一就是消除道德压力。我们会认为痛苦代表自己已经受到了“惩罚”，所以不付诸行动、不做出改变也是合情合理的。

这就是为什么“痛苦”有时反而能让我们感到轻松，因为痛苦可以起到对内疚、自责等情绪的“抵消作用”。

总之，情感自有其运行逻辑，它本身会尽其所能地达成“大象”内部的平衡。

6

那些标榜成功学、不断给你“打鸡血”的文章所做的事情，本质上都是让由外部世界的规则内化于你心中的超我将你的本我消灭，从而让你成为一个纯粹的功利者；而某些心理学流派则是在暗示、强调你应该更多地向本我认同，从而挣脱超我的束缚。

在我看来，超我的束缚需要打破，但也不需要认同本我那些纷乱复杂的欲望。

接受社会规则和本能欲望的存在，但并不完全认同它们，而是超越它们，成为你自己。

7

一个向超我认同的人会非常理性、功利且压抑，会变成一个追名逐利或不断为了满足别人的欲望而活的工具；一个向本我认同的人可能会成为纵欲无能的堕落之辈，也可能成为性格天真自在、沉迷于自己热爱领域的天才。而最痛苦的莫过于既强烈地向超我认同，同时又强烈地向本我认同的人——希望在社会规则中成为一个受人尊重的、了不起的人，又希望能够随心所欲。这样的人会被社会规则和自身欲望两种截然相反的力量不断拉扯，从而疲惫不堪。

并非做自己喜欢做的事情就无法获得世俗意义上的成功，关键在于，那些同时被超我与本我的欲望拉扯的人，虽然声称要“做自己喜欢做的事情”，但他们强调的重点常常是“不负责任、随心所欲”地去做自己喜欢做的事。

8

一个深陷超我与本我冲突和拉扯之中的人能接收到的建议，往往要么是认同超我，要么是服从本我，倘若给出一个中立的答案，人们往往也会因为自己潜意识中的偏好而不自觉地偏向某一端。

但真正的答案其实就是中立的：你既需要摆脱超我的压迫，意识到那些社会规则与道德要求没必要让你过度执着；也需要超越本我欲望的控制，看清我们的本能其实非常任性，并不具备复杂的高级智慧，因此也不能过度地自我放纵。

这种“中立”的状态应该如何达成呢?

我只能告诉你第一步该怎么做，在第一步完成之后，你需要自己寻找答案。

9

清理你的内心。

我们因为几十年的生存惯性，而让头脑被各种社会规则塑造的欲望，以及便捷的互联网引导释放的本能冲动塞满了。

我们是如此习惯，并很适应被这些欲望和本能控制的状态，以至于我们甚至会觉得这些欲望、本能冲动就是我们自身的一部分。

那些渴望获得别人认可，渴望取得世俗成就，渴望住上大房子、开上豪车的欲望，一刻不停地刺激着我们，挑逗着我们，它们不断催促着我们去获得满足。

但是我们仔细想一想，我们多久没有体验过那种内心一片轻松的状态了？

只有内心没有装着这些欲望时，我们才会渴望认清它们，才能清醒地感觉到自己想做点让自己开心的事情。一旦我们的大脑被欲望填满，我们就失去认清自身、认清现实的能力了。

所以你要给自己放个假，让自己远离各种过去所习惯的刺激、所习惯思考的问题、所习惯追求的事物，放下欲望，放下担忧。

不要用“我做不到”“我不知道怎么让自己停下来”“哪怕我给自己放了假，还是会不自觉地像过去一样思考”作为借口。

我们的大脑具有一种惯性，这种惯性需要你有意识地给它踩下刹车。一旦你发现自己在思考和过去一样的内容时，就要有意识地停止，并转移自己的注意力。

给自己足够的时间，用来清理过去的习惯性经验在你身上留下的痕迹，让那些旧模式逐渐退却，让你的大脑保持一种清醒的、轻松的状态。

如果你实在不知道该怎样清理旧有的惯性心理模式，最简单的方法就是不要做任何计划，买一张目的地是你喜欢但没去过的城市的机票，去享受一个独属于自己的假期。

10

我所说的方法并不一定能解决你的问题，因为这是“你自己”的问题。

对于头脑中已经塞满了各种理论、建议、成见和观念的你来说，我哪怕给你再多所谓的“建议”，也很难对你产生任何实质性的帮助。

先清理你的内心，不要急于去“解决”问题，而是先让自己具备解决问题的状态。

当然，以我多年的咨询经验来看，当你能够真的清空自己的心理垃圾，不再无意识地被旧有心理模式操控时，所谓的“问题”，绝大多数都会不复存在。

如何整合我们内心的冲突

1

我们要意识到，每个人的人格都是既完整又分裂的。

人内心的冲突并不是来自人格不同部分的矛盾和斗争，而是因为我们没有使用正确的方法，对人格的不同部分进行“协调组织”。

囿于语言本身，我们看到“人格整合”这样的词语时，联想到的往往是对人格的不同部分进行“融合”，以为是要将两个完全对立的部分合二为一。

这当然是不可能的，就像一个人不可能同时做相反的两件事。所以，人格的整合并不等同于人格的融合。

人格的整合就好比一个领导将原本意见不合的各个部门协调组织到一起，让他们不内讧，让他们能够“令出即行”，而不是把手下的人揉在一起变成一个巨人。

2

我们对于内在冲突的最大误解，同时也是导致内在冲突最主要的原因就是：很多人在内在冲突出现时，立刻跳下“裁判席”，并且试图把两个“选手”都消灭掉，或者帮助其中一个消灭另一个。

一个人格不稳定、内心混乱的人遇到这种情况立刻就慌了，他不知道该怎么办。他想尽快平息这种冲突，这时这种迫切地想要平息冲突的愿望，让他只能不理智地依靠本能行事。

当一个人依靠本能行事时会如何？他会变得很“粗暴”，他会粗暴地想要马上把这种冲突消灭掉。因此，他要么尽快从两种选择中确定一个，要么赶紧把这两种想法清理掉——但这当然也是不可能做到的。

面对两个不确定的选择，你怎么也无法下定决心选择其中一个，不管你如何分析利弊，都会有无数个理由再把你拉扯回去。你想让两种冲突消失，这更不可能，“白熊效应”告诉我们：你越想让自己“不要”想什么，那种想法只会在你的脑海中变得更为明显。所以，你在慌乱中采取的方法都是无用的。

3

为什么很多人遇到内心的冲突时，总是无法采取正确的处理方法呢？

本质上是因为他们的认知有着严重的缺失，这种缺失就是，“不确定”的状态本就是人生的一部分，它并非特殊的、病态的，而是再正常不过。

我们很多行为是由具体的现实因素决定的，在很多事情还未发生，你还不知道未来是怎样时，你的确无法做出决定。

“不确定”这种状态再正常不过了，此时你所谓的内心冲突其实只是在“信息不足”的情况下进行的胡乱猜测而已。

此时有人又会有疑问了：“你说的比唱的好听，如果我现在面临着一个非常紧迫的选择，但因为信息不足，以至于我根本想不清楚要选择哪个，你说我该怎么办？”

如果有这样的疑问产生，就说明你没有理解一个朴素的常识：生活中有些事你就是无能为力。

有些事情你没办法解决，有些事情你不可能做出一个好的选择。

这就是答案。

4

期望控制生活中的一切本就是一种错误的幻想。这种错误的幻想来自你人格的不成熟，缺乏灵活性。

人格缺乏灵活性，导致你认为某个重大的选择会决定你的一生，比如，你认为自己选择了考公务员以后就只能一辈子做公务员，你从没想过如果做公务员不满意，你也可以跳出来做别的选择。

缺乏人格灵活性的人会紧紧地将自己限制在乏味、枯燥、固化的人生中，正是由于他对自己人生的这种固化的期望，让他做出更为固化的选择，由此导致他整个人生变得压抑和枯燥无味。

这种情况下的内心冲突，还源自他缺乏对自我的接纳。

我们的心理有一个特性，就是所有引起冲突的欲望和信念，如果你正视它，那么用不了多久它就会消失。但如果你对它不是持正视和接受的态度，而是感到恐惧和焦虑，并且迫切地想让它消失，那么它反而会持续存在。

5

不要亲自下场去和自己的想法斗争，这是小孩子的做法，成熟的做法就是“等一等”。

我们始终要明白，人的“自性”就像一家公司，既完整又分裂，你怎么管理一家公司，就要用同样的道理管理你的人格。

任何内在的冲突本质上都是纸老虎，只要你别着急回应它，“等一等”，它马上就会露馅。

因为很多人不理解这个逻辑，所以他们总是习惯一发现冲突就立刻下场和自己干一仗，导致他们甚至从未发现，原来自己并不需要和自己战斗，只要等一等，冲突自己就会消失。

接纳自我就是在你人格的任何部分、任何碎片呈现时给它留出一定的空间，“等一等”就是在为其提供这样一个空间。但是，你允许它存在，给它提供空间，并不代表你就要认同它。

总之，对于内心冲突真正正确的处理方法，第一步是“等一等”，给这些冲突一个释放和呈现的空间，等它释放到高峰，然后自然跌落。第二步是对其保持觉知，接受它的存在，但不一定要认同它。第三步，确定对这种冲突的具体解决办法是，如果你的内心冲突是由于信息不足等本就无法掌控的因素导致的，那你就要记住，不确定本就是生活的常态，你要接受自己的无能为力；如果你仔细观察，发现让你产生内心冲突的这件事其实是可以分析清楚的，并且可以衡量利弊，那么你当然要选择更有利的做法。

通过以上处理，如果你内心那些不同的想法仍然在叫嚣，你只需继续保持对它们的觉知：我听到了，但我不会按你们说的去做。然后不去理会那些想法即可。

怎样做一个沉稳的人

1

怎样做一个沉稳的人?

要得到答案，我们需要先进行反向思考：一个人为什么会不沉稳?

一个人不沉稳的核心原因，在于他无法控制自己即时性的冲动、想法和情绪。

“沉稳”这种人格特质，最直观的体现就是，一个人在生活中大多数时候都是不着急的，大部分事情他都是深思熟虑之后再做出决策、给出回应。

反之，一个人“不沉稳”的主要表现就是：容易着急，容易被自己本能的下意识反应和情绪所控制。

人遇到危险的本能反应就是焦虑和恐慌。有的人会无意识地顺着自己的情绪做出反应，而有的人则能够控制自己的本能冲动——脱离自己习惯性的反应模式，进行理性思考。

因此，“沉稳”与“不沉稳”的区别就在于，一个人是否具有不被自己本能冲动控制的能力。

2

我们要如何才能拥有这种能力呢？

最重要的是，建立“我要控制自己的本能冲动”这样一种意识。

你是否具备“自我约束”的意识，这是你能否约束自己的前提条件。

能否“自我约束”也和一个人的价值观有关，因为其背后涉及一个人隐含的对于“快乐”这一概念的定义。

这里所说的“快乐”，也指代幸福、意义感、自我实现等一系列与之相关的概念。

我们可以将“快乐”分为两个大的类别：即时快乐和理性快乐。

即时快乐指的是，在每一个当下，我们产生的欲望和冲动能够得到即时满足的快乐；理性快乐指的是，一个人在经过理性思考后，选择认定的能够更加持久、更加安全、负面效果更小的快乐。

比如，你现在想喝酒，并且马上就喝到了，这时你的欲望迅速得到了满足，这就是即时快乐；又或者你现在想喝酒，但你思考以后认为喝酒会损害你的健康和情绪感受，因此你选择了放弃，这样一来避免了对身体的伤害，同时能够保持更清醒的头脑，于是你的理性快乐得到了满足。

3

假如一个人对快乐的定义是即时快乐，那么他会任由自己被一个又一个接连不断的短期欲望所驱使。

他会认为满足自己随时随地冒出来的任何冲动都是合理的，哪怕他知道这样做会有一些坏处，但在他的价值观中，这并不是一件错误的、需要自我约束的事情。

如果一个人追求的是理性快乐，那么他对快乐的定义就天然地带有一种自我约束的属性。因为多数时候我们即时性的冲动，和我们的长远利益是互相矛盾的，你如果想要获得长远的利益，那么自然而然地就要对即时性的冲动加以克制。

这样一来，我们就能够理解，为什么一个不沉稳的人说话会不经大脑，为什么他总是容易冲动行事，为什么他总是在没有获得充分信息的情况下就急于做出决策。

他之所以有这些行为，都是因为他追求即时性的满足：

“现在我的大脑产生了一个想法，我要把这个想法说出来，这样我就痛快了，我不想思考说完这句话之后会有什么后果。”

“我在信息不充分的情况下就急着做决策，是因为我的内心是焦虑的，早点做出决策能够平息我的焦虑。”

4

一个人要从“不沉稳”变得“沉稳”，就要求他的价值观必须发生根本性的变化——开始将理性快乐设定为自己追求的目标，同时还要忍受住即时冲动不能得到满足的痛苦。此外，他还得愿意在行动层面做出相应的改变。

在认知行为疗法中，行为在维持或改变心理状态中起着决定性作用。

持续重复的行为会被固化为一种习惯，还会形成心理上的惯性。

因此，也许你在认知层面完成了价值观的改变，你意识到了应该以长远利益作为决策的依据，并且也愿意忍受即时冲动不能被满足的痛苦，但如果旧有的行为模式不改变，你还是会继续停留在过去那种急躁、冲动的“不沉稳”状态中。

外在行为层面的改变，主要在于放慢你讲话和做事的速度。

不沉稳的人讲话、走路、做事往往都是风风火火的。他们讲话前从不深思熟虑，语速往往也非常快，做事时更是一味地追求速度。

因此，一个不沉稳的人想要改变，就要刻意要求自己在表达观点时，不要急于把大脑下意识形成的想法脱口而出，而是让自己先思考3～5秒。在讲话的过程中，也要尽量放慢语速。关于这方面的练习，可以多看看一些名人的演讲，学习和模仿他们讲话时的仪态。

此外，还有一个特别实用的技巧，就是习惯性地深呼吸。

日常生活中，我们往往会无意识地保持浅而急促的呼吸，但如果你能有意识地练习深呼吸，就可以激活你的副交感神经系统，让你变得更加镇定。

总之，讲话和行动的放缓具备一个非常关键的功能，即能给你的理性留出发挥作用的时间。

而价值观的切换，即将对“即时快乐”的追求转变为对“理性快乐”的追求，则能让你在心理内部创造出发挥理性作用的空间。

通过对外在行为和内在心理的调整，你也可以成为一个真正沉稳的人。

从“问题导向”到“解决导向”

1

很多读者向我表达过类似以下这样的心理困惑：

“我总是非常敏感，和朋友交往很容易被他们伤害，但我又不好意思向他们表达出来。”

“我最近心境特别低落，很绝望，每天上班都很痛苦，总是一边痛苦一边拖延，我也知道自己该多出去和朋友聊聊，但我就是不想出去，只想自己一个人待着。”

我会对他们的问题做一个简短的分析，然后提出一些具体可操作的建议。

对方会说：“你说得太对了！我的确就是这样的！”然后举两三个例子来进一步证明自己的问题。

这时候，我通常都不知道该怎么回答了，只能对对方表示同情，并给予一些安慰。

但重点在于，接下来对方一定会再问我一个问题：“那我该怎么办呢？”

注意，我的意思是，在我已经明确给他们提出了具体的建议后，他们还会再次问我该怎么办。并且多数时候，这种对话模式需要重复好几次，就是不管我把建议重复多少次，他们会像没听见一样，只关注我对他们“问题”的分析，并继续向我抛出更多的“问题”。

2

实际上，很多人的思考模式都是“问题导向”，而非“解决导向”。

什么叫“问题导向”？就是说，你的关注点会一直停留在困扰和限制你的问题上。而具有“解决导向”思维的人，却能在遇到问题时迅速将关注点聚焦在如何解决问题上。

同样是“我很痛苦，我该怎么办？”这样一个疑问，“问题导向”思维的人始终只关注“我很痛苦”，而“解决导向”思维的人则更多关注的是“我该怎么办”。

一个“问题导向”思维的人，遭遇痛苦时也很想获得解脱，但问题在于其实他并不想“解决”自己的问题。

“解决”的意思是，一个人针对问题付出有效的努力，来一点一点地将问题克服。

而“问题导向”思维的人只是希望这些问题、这些痛苦能够“消失”。他们想要的并不是解决问题的方法，而是让问题自动消失的方法。

举个例子，同样是因为没钱而焦虑，“解决导向”思维的人想的是怎样让自己赚到钱，而“问题导向”思维的人却希望自己能够不焦虑。而且这种不焦虑背后隐藏的一层意思是：我不用付出任何努力，我什么都不用做，只需要别人告诉我一个很简单、很神奇的方法，一下子就能把我的焦虑给“拿掉”，让焦虑感直接消失。

这就是很多人找我咨询求助，在我给出解决方案后，依旧不停问“我该怎么办”的根本原因。

他们从来没想过要直接面对问题、解决问题。

很多人会把自己的心理问题，比如敏感、焦虑、抑郁、自卑等，当成他们不去解决问题的理由，于是问题始终无法被解决。

这个问题背后的逻辑就好比一个人要减肥，但又觉得自己太胖，减肥会很累，所以就决定不减肥了。

“问题”本来就需要你去解决，可你却把“问题”当成了不去付诸行动的理由……

3

那我们该如何从“问题导向”思维转变成“解决导向”思维呢?

最根本的一点在于，破除自己“希望问题直接消失”的幻想。

我们必须深刻地意识到，问题只会在我们付出实际有效的行动之后才能被解决。就像你面前摆了一个瓶子，你想让它倒下，就得伸手拨它一下。如果你永远不愿意抬一下手，这个瓶子就不会自行倒下。

同理，如果你不愿付诸行动，问题也不会自行消失。

4

事实上，生活中有太多人缺乏实际“解决问题”的经验。

他们一直以来从未强烈地主动争取过什么，遇到重大问题也从来没有坚定的决心去把问题妥善解决。他们大多时候都是随波逐流、浑浑噩噩，任凭生活自由发展，任由自己被外界推着往前走。

因此，他们始终没有建立“解决问题”的意识，总是浮在问题的表面。

这种“浮在表面”的感觉，其实就是对问题的一种逃避。

因为不愿付诸行动，所以让自己一直围绕着问题打转，幻想着不用面对问题，某一天问题就自行消失了，自己也就不用再承受痛苦了。

这种对问题的逃避，原因在于他们缺乏“自己的人生只能由自己负责”的意识。

也就是说，他们实际上并不想对自己的人生负责，而是希望尽可能地让别人为他们解决问题，尽可能地付出更少而得到更多。

因此导致的最直接的结果就是，他们会活得很“飘”。他们会一直觉得自己很难找到生活的真实感，也难以从生活中感受到意义。

他们很难踏踏实实地去做一件事情，哪怕是面对自己喜欢的事情，也很难100%地投入。

5

“问题导向”思维的人，总会觉得自己的生活中充满了各种各样的问题，觉得处处都很糟糕，很难有令他们满意的地方。

可悲的是，他们又找不出问题出在哪儿。

其实所有的问题本质上都来自他们对现实生活的抗拒。他们从来没有正视过自己的生活，没有认识到当下所发生的一切就是自己的生活，而是始终理所当然地把他们潜意识里那种“理想化的生活”当成是自己应得的。

于是，他们总会抱有这样一种观念：等我的那种“理想化的生活”到来以后，我就会好好努力了！到那时我就能充满干劲，每天的生活都会丰富多彩。

这种对未来的幻想还有若干种变体，比如，等我有了强大的动力以后，我就会好好努力；等我找到了自己真正想做的事，我的生活就会变得完全不同；等我解决了自己的心理问题，我才能好好生活……

以上种种幻想，皆是他们现实生活经验的匮乏导致的，或者说是因为他们从来都没有理解，也没有正视过“现实生活”究竟是什么，所以才会一直活在幻想之中。

6

如果你不具备基于现实的思考能力，如果你始终活在那个被简单化、抽象化的幻想世界中，那么你就很难获得真实感。

陷在“问题导向”思维里的人，只会看到越来越多的问题，因为和他们潜意识里理想化的生活相比，现实生活有着太多的不完美。

而“解决导向”思维的养成，除了要学会面对问题、为自己负责、制定解决问题的目标和策略，还有一个最重要的前提，那就是接受“当下发生的一切就是你的现实生活”，彻底破除自己的幻想。

20 ~ 30 岁，怎样规划自己的人生

1

一个人在20～30岁这个年龄段，如果想要进行人生规划，最基本的前提是要明白，所有“心法”的作用，其实是在你有了实际的经验之后用于印证的，而不是通过理智层面的学习就能理解的。

别人总结的“心法”，总是在你有了一段丰富的经历，但还没有梳理清楚人生关键问题时去看，才会对你产生重要影响。

2

我很早就知道“投资需谨慎”“合伙需谨慎”的道理。但这两条道理我过去知道得再清楚也没用，我还是管不住自己的手，管不住自己躁动的心，管不住自己盲目的自信。

当我憋了好几年之后，终于忍不住头脑发热，给一个项目投了十几万，结果自然是“血亏”。

有了这样的经验和教训，再去看关于投资、创业之类的书籍，其中很多道理理解起来就更加透彻了。而且过往的经验和教训，以及书中的道理已经深刻地融汇在我的脑海里，让我能够举一反三地去搞清楚更多的事情。

我发自内心地明白了很多道理是真实的、正确的，于是我就不再有那么多愚蠢的欲望了。

我庆幸自己是在20多岁的年纪付出这样的代价。

因为20多岁时要经历的失败，你推迟到30岁再经历，代价肯定是不一样的。

我内化这些经验和教训的代价是十几万，但如果我30多岁时才去尝试，代价起码要翻番——因为届时我的婚姻、家庭等方面，一定会受到间接的连带影响。

3

我在和很多同龄人交流的过程中，发现大多数人（包括我）有一个毛病，总会不自觉地认为一个人可以用知识替代阅历。

我见过很多学富五车、侃侃而谈的同龄人，仿佛世间一切都能被他们看透，但即便拥有再广博的知识、了解再丰富的专业名词，也始终无法帮助他们摆脱生活的拮据。反倒是那些不懂专业名词、说不出大道理，却一直在埋头做事的人，更容易取得成就。

如果一个人认为知识可以替代阅历，本质上是一种偷懒的表现。

虽然我们能够从别人的经验和道理中汲取到一些“营养”，但这些“营养”如果没有实际经历的支撑，就好比无根之木、海市蜃楼。

因此，一个人在20～30岁这个阶段，如果要进行人生规划，那么最根本、最重要的一点就是，要给自己设定3年左右的试错期。

设定试错期的作用就是为了将所有的偏见、自以为是的想法、不切实际的幻想、躁动不安的欲望在这期间集中释放出去，让它们去接受事实的考验和打击。

试错就是让你暴露错误，暴露自己的愚蠢，然后承认这些错误，进而改正这些错误。

4

试错就是大量地尝试、体验你之前从没接触过的事物，比如，第一次开车，第一次去餐厅做服务员，第一次坐过山车，第一次创业，等等。

这些体验一方面能让你获得新的知识和经验，另一方面会不断激发你对生活的热爱、对新鲜事物的好奇心，让你对生活充满激情。

在你进行完足够多的试错之后，你可能就会发现自己的天赋所在，抑或是遇到一些机遇。当你发现一件“自己喜欢做，也擅长做，并且还能赚到钱”的事情时，这就意味着你要转入“积累期”了。

当你认定了一个方向，这时你就不能再像之前一样随意变更“赛道”、盲目尝试了，而是要耐心地在这一领域深耕。

在积累期，你需要克服的最大的问题就是急于求成、不劳而获的心理。

一个在社会意义上成熟的人，其标志之一就是，有耐心去追求长期回报，而不是沉溺在短期回报的刺激之中。

积累期共通的大致流程是：学习—实战—复盘—优化—学习。

不断地让这一流程循环往复，在一个领域持续深耕3年以上，你肯定会有很大的变化。

5

对于很多人来说，他们只想着一夜暴富，只愿意追求短期回报，不愿意用心、认真地去做事，所以他们往往会忽略最关键的一点：自身专业能力的提升。

有句话很经典——你只能赚到你能力范围之内的钱。

这是一个显而易见的事实。它挑明了一个客观规律：赚钱这件事不在于向外求，本质上在于向内求，你的能力提升了，赚钱是水到渠成的事情。

能力是因，赚钱是果。忘因求果，因此根本不可能实现。

幻想一夜暴富的人，总是抱有一种侥幸心理。而侥幸心理永远都是在自欺欺人，因为你的主观愿望永远都替代不了客观事实。

你的注意力应当投注在对自身能力的增值，而非如何赚钱上。

当你颠倒了思考的顺序，你就是在舍本逐末，大概率会面对失败。

6

没有人规定你在30岁之前必须获得成功，因此你无须给自己太多压力。

对于绝大多数人而言，能够在30岁之前给自己3年的试错期，通过大量体验慢慢地摸索出自己的方向，再给自己3年的积累期——通过不断积累，提升自己的核心能力，基本上都能获得不错的成就。

在此过程中，不用关注赚钱，也不用关注所谓的成就，你只需心无旁骛地关注自身能力的提升这个“因”，必然能够收获属于你的硕果。